Olajide Sogunle
Muideen Ogundele

Efeitos dos sistemas de alojamento no desempenho de crescimento dos perus

Olajide Sogunle
Muideen Ogundele

Efeitos dos sistemas de alojamento no desempenho de crescimento dos perus

ScienciaScripts

Cover image: www.ingimage.com

This book is a translation from the original published under ISBN 978-620-2-06129-2.

Publisher:
Sciencia Scripts
is a trademark of
Dodo Books Indian Ocean Ltd. and OmniScriptum S.R.L publishing group

120 High Road, East Finchley, London, N2 9ED, United Kingdom
Str. Armeneasca 28/1, office 1, Chisinau MD-2012, Republic of Moldova, Europe
Managing Directors: Ieva Konstantinova, Victoria Ursu
info@omniscriptum.com

Printed at: see last page
ISBN: 978-620-8-40873-2

RESUMO

Nas últimas décadas, registou-se um rápido aumento da produção de aves de capoeira devido a melhorias nos sistemas de gestão. No entanto, não existe uma atitude discriminatória documentada relativamente à produção e ao consumo de carne de peru. Consequentemente, o governo colocou recentemente um embargo à importação de produtos avícolas, nomeadamente de carne de peru congelada, para incentivar a produção local de peru. O estudo investigou os efeitos de diferentes sistemas de alojamento no desempenho do crescimento, nos parâmetros sanguíneos, no rendimento da carcaça e na relação custo-benefício de perus de raças exóticas e adaptadas localmente. Foi comprado um total de cento e noventa e dois perus de um dia não sexados (96 de cada raça de peru adaptada localmente e de peru British United), que foram criados em conjunto durante três semanas. Depois disso, cada raça foi distribuída aleatoriamente por dois grupos de tratamento de cama funda e gaiola de madeira com 48 perus cada. Os peruzinhos foram subdivididos em quatro réplicas de doze peruzinhos cada, utilizando uma disposição fatorial 2x2 num desenho completamente aleatório. Foram obtidos dados sobre o desempenho do crescimento, parâmetros sanguíneos, rendimento da carcaça e relação custo-benefício. Os parâmetros considerados foram o peso final (g/b), o ganho de peso (g/b/d), o consumo de ração (g/b/d), o rácio de conversão alimentar e a mortalidade (%). Os resultados sobre o desempenho do crescimento mostraram uma diferença significativa ($p<0,05$) com a raça exótica a ter um peso final mais elevado (6.305,00 g/b), ganho de peso (60,67 g/b/d) e consumo de ração (238,57 g/b/d) em comparação com o peso final (3.541 g/b), ganho de peso (34,08 g/b/d) e consumo de ração (138,55 g/b/d) da raça localmente adaptada. O peru exótico teve uma melhor taxa de conversão alimentar na fase inicial, mas registou uma mortalidade mais elevada (20%) do que o peru adaptado localmente (11%). Nos sistemas de alojamento, registou-se um peso final significativamente ($p<0,05$) mais elevado (2.026,60g/b) e um ganho de peso (31,86 g/b/d) para o peru exótico criado em gaiola de madeira na fase inicial. Os parâmetros sanguíneos revelaram um aumento significativo ($p<0,05$) de linfócitos (59%), monócitos (1,0%) e proteínas totais (5,10 g/dl) na raça exótica na fase de arranque. Os parâmetros sanguíneos dos perus na fase de crescimento não apresentaram variação significativa ($p>0,05$) em todos os parâmetros considerados. Os resultados relativos ao rendimento de carcaça revelaram um peso depenado significativamente ($p<0,05$) superior (5.216,67 g/b) na raça exótica. No entanto, a percentagem de acabamento não foi significativamente ($p>0,05$) influenciada pelas raças e sistemas de alojamento. A relação custo-benefício mostrou um custo total de produção significativamente ($p<0,05$) mais elevado (N4.778,51) na raça exótica. No entanto, obteve-se uma melhor relação custo-benefício ($p<0,05$) de 3,29 no peru adaptado localmente. O estudo concluiu que os índices de desempenho de crescimento foram melhores nos perus exóticos do que nos perus adaptados localmente. No entanto, no que diz respeito à relação custo-benefício, recomenda-se a criação do peru adaptado localmente em qualquer um dos sistemas de alojamento.

DEDICAÇÃO

Esta obra é dedicada a Deus Todo-Poderoso, princípio e fim de todas as coisas

E

A todos os que se interpuseram, oferecendo assistência onde e quando necessário.

RECONHECIMENTO

Gostaríamos de agradecer os gestos carinhosos dos nossos colegas, cuja contribuição para o sucesso da obra é imensa, incluindo o Dr. A.O. Oso e o Dr. O.S. Akinola na atribuição do grau de Mestre em Agricultura em Produção de Não-Ruminantes da Universidade Federal de Agricultura, Abeokuta, Estado de Ogun, Nigéria. Gostaríamos também de agradecer ao então Chefe do Departamento de Produção e Saúde Animal, Prof. A.B.J. Aina, e aos nossos mentores académicos, incluindo o Prof. S. S. Abiola e o Prof. A. O. Fanimo, que lançaram as bases sobre as quais nos apoiamos diariamente no domínio da investigação e formação académicas.

ÍNDICE DE CONTEÚDOS

CAPÍTULO UM

INTRODUÇÃO

A produção de aves de capoeira foi reconhecida como um aspeto importante da atividade agrícola da Nigéria devido às suas valiosas contribuições para as nossas necessidades alimentares naturais (Monsi, 1994). Com a exceção da galinha, que ganhou a maior atenção entre as espécies aviárias, outras como o pato, o peru, o ganso, a galinha-d'angola, a codorniz e a avestruz devem receber maior atenção, o que poderia ajudar muito a colmatar o grande fosso entre a procura e a oferta de proteínas animais provenientes de aves de capoeira (Omage *et al.*, 2007).

Os frangos autóctones têm-se mantido predominantes no mundo em desenvolvimento (FAO, 2004; Do, 2005; Bett *et al,* 2012) apesar da introdução da estirpe exótica. Os frangos locais têm uma taxa de crescimento lenta, atingindo assim um peso corporal de mercado numa idade muito mais tardia quando comparados com a estirpe de carne exótica. Foi demonstrado que o crescimento lento resulta numa carne mais saborosa e mais dura (Wattanachant *et al,* 2004; Saowakon *et al,* 2011); atributos que são concomitantes com as preferências de muitos consumidores de frango. UBOS (2009) relatou um aumento no número de produtores e consumidores interessados em produtos de frango locais, enquanto Kyarisiima *et al.* (2011) relatou um grande nicho de mercado para produtos de frango locais porque a sua carne é considerada mais saborosa do que a de estirpe exótica.

Os perus são criados há muitos anos pelas suas excelentes qualidades para a mesa. Os perus pretos foram introduzidos em Inglaterra já no início da década de 1520, vindos de Espanha, e mais tarde ficaram conhecidos como perus pretos de Norfolk, em homenagem ao condado de Norfolk, onde eram criados e se tornaram populares pelas suas qualidades para a mesa. O Norfolk Black foi um dos primeiros a ser padronizado no Reino Unido. Na Nigéria, não se conhece qualquer atitude discriminatória em relação à produção e ao consumo de perus, mas estes são muito raros de encontrar. Ibe (1990) opinou que as potencialidades dos perus adaptados localmente não podem ser negligenciadas, tendo em conta as enormes implicações em termos de divisas dos stocks exóticos importados. No entanto, a escassez da estirpe local de peru pode dever-se, por um lado, ao facto de os frangos serem tão bem criados que parece não haver razão para considerar qualquer outra espécie de aves de capoeira e, por outro lado, ao facto de a maioria dos perus exóticos ter sido tão bem criada para a produção intensiva que as aves resultantes são inadequadas para a produção extensiva (Peters *et al,* 2002).

Esses perus exóticos são caracterizados por maturidade precoce, alta produtividade, mas baixa tolerância a mudanças nas condições ambientais, doenças, pragas e parasitas. Maijala (1993) referiu então que os problemas associados à dependência de raças exóticas para a indústria de perus na Nigéria incluem o fraco desempenho, a importação de doenças se as aves não forem bem colocadas em quarentena e a necessidade de repor o stock através da importação, o que, por sua vez, afecta as receitas em divisas do país.

A produção alternativa de aves de capoeira envolve um ambiente sem gaiolas ou outro acesso ao ar livre como alternativa ao alojamento convencional de aves de capoeira e às gaiolas. Trata-se de um aspeto importante da produção agrícola sustentável que aumenta o rendimento das explorações agrícolas, ao mesmo tempo que protege o ambiente e responde às preocupações dos consumidores. Poderia ser praticada em maior escala, mas é frequentemente praticada em pequena escala e, por vezes, integrada numa exploração diversificada. Num estudo recente (Sogunle *et al.,* 2013) sobre galos e galinhas, foi revelado que a criação ao ar livre pode ser uma alternativa ao confinamento, que foi considerado ambientalmente correto, economicamente viável e centrado em estratégias de baixo consumo.

A produção intensiva de aves de capoeira foi introduzida na Nigéria durante as últimas décadas e desenvolveu-se rapidamente como uma importante empresa pecuária no país (FAO, 2000). A produção intensiva de aves de capoeira envolve a criação comercial de galinhas de raças exóticas de elevado desempenho. Este sistema é orientado para os recursos e exige que o operador controle o alojamento e as necessidades nutricionais e sanitárias das aves (Oluyemi e Roberts, 1979).

A escolha de um sistema de alojamento depende do mercado para diferentes categorias de aves e das experiências práticas com modelos concorrentes (Andrew e Goodwin, 1973; Tauson, 2005). Por conseguinte, para que qualquer sistema de alojamento ou de produção seja considerado bom, as aves devem estar livres de stress e de doenças. As aves precisam de poder crescer, dormir e pôr ovos com conforto. A criação em pastagens é, portanto, a pedra angular desta abordagem. A rotação das pastagens reduz os agentes patogénicos causadores de doenças, evita a acumulação de estrume excessivo e previne danos. No entanto, se não for feita corretamente, a produção no campo torna-se um problema em vez de uma vantagem (Isiaka, 1998). Este estudo procura, assim, obter um resultado aceitável a partir da comparação do desempenho em termos de crescimento, rendimento de carcaça e benefícios em termos de custos da criação de perus de raças locais e exóticas em diferentes sistemas de alojamento.

Justificação

A criação de perus está agora a aumentar gradualmente na Nigéria devido ao embargo governamental à importação de produtos avícolas para o país e à sensibilização em curso para os benefícios derivados da criação de perus. Além disso, a mudança de tecnologia, que inclui a utilização de sistemas de alojamento automatizados na indústria avícola, tem sido um estímulo importante para o aumento da produção de perus, particularmente na Nigéria.

Devido ao seu custo, esta técnica de maneio, especialmente no caso do alojamento das aves de capoeira, causou stress económico ao agricultor e os esforços para encontrar um equilíbrio entre as recomendações científicas e uma exploração rentável revelaram-se abortivos. Esta situação levou à introdução de sistemas de alojamento alternativos (cama funda, gaiolas em bateria e combinações gaiola/cama) e outras técnicas de gestão do alojamento (Andrew, 1972; Obioha, 1992). A tecnologia desenvolvida para a alimentação, o controlo das doenças e a gestão da produção/alojamento pode ser utilizada em todo o mundo com relativamente poucas modificações. Assim, os avanços tecnológicos na produção avícola têm sido rapidamente aplicados em muitas partes do mundo (Andrew, 1972).

Os perus locais são forrageadores naturais e podem ser mantidos como necrófagos (Peters *et al.*, 2003). Embora resistentes, a resistência dos perus locais a doenças como a varíola de Newcastle, a varíola aviária e a coccidiose é baixa, o que resulta numa elevada taxa de mortalidade em sistemas de maneio extensivo (Oluyemi, 1990). No entanto, as raças exóticas caracterizam-se por uma maturidade precoce, uma produtividade elevada, mas uma baixa tolerância às alterações das condições ambientais (Maijala *et al.*, 1993). Por conseguinte, este estudo procura investigar os efeitos de diferentes sistemas de alojamento no desempenho do crescimento, no rendimento da carcaça e na relação custo-benefício de perus de raças exóticas e adaptadas localmente.

REVISÃO DA LITERATURA

Produção de aves de capoeira

A produção de aves de capoeira melhorou drasticamente nas últimas quatro décadas. Consequentemente, a capacidade de produção aumentou com a utilização de tecnologias destinadas a melhorar a genética, a criação, a nutrição e o desenvolvimento de sistemas de alojamento, recolha de ovos, ventilação, alimentação, iluminação e tratamento de resíduos (Siegel, 1993; Blokhuis, 2004).

A produção de aves de capoeira é a fonte mais valiosa de proteínas animais disponíveis para consumo humano, uma vez que se trata de um dos maiores efectivos pecuários do mundo, que constitui mais de 30% de todas as proteínas animais consumidas. A produção mundial de carne de aves de capoeira aproximou-se dos 70 milhões de toneladas métricas em 2000, com uma taxa média de crescimento anual de 5,3% durante as últimas quatro décadas. A nível mundial, os frangos (principalmente os frangos de carne, mas que também incluem galinhas reprodutoras e machos usados e poedeiras de ovos de mesa usadas) continuam a ser a carne de aves de capoeira mais popular, representando cerca de 8,5% da produção total de carne de aves de capoeira, ao passo que o peru, o pato, o ganso e outras espécies (pintadas, faisões, codornizes, borrachos e ratites) representam apenas 75, 4,2, 2,8 e 0,5%, respetivamente, da produção total de carne de aves de capoeira (FAO, 2001).

Gestão de aves de capoeira

Existem três sistemas de maneio de aves de capoeira: intensivo, semi-intensivo e extensivo/exploratório, que se diferenciam com base no tamanho dos bandos e nas relações input-output (Sonaiya, 1990; Kitalyi, 1998). Os sistemas extensivos de produção de aves de capoeira em África, onde as aves são mantidas ao ar livre ou são criadas na rua, são diferentes dos mais recentes sistemas extensivos de criação de aves de capoeira ao ar livre que estão a surgir nos países em desenvolvimento (Thear, 1997). Este último sistema resulta da preocupação com a necessidade de condições humanas e de respeito pelos animais, o que tem sido mais realçado nos países desenvolvidos do que nos países em desenvolvimento. No seu habitat natural, as aves sujeitas a um sistema de produção extensiva procuram o seu alimento e abrigam-se no meio natural, em árvores e arbustos. No entanto, ao longo dos anos, tem havido intervenções humanas no habitat natural através da domesticação e da investigação, o que resultou em diferentes sistemas de gestão.

Alojamento para aves de capoeira

Os sistemas de produção de aves de capoeira devem proporcionar ar fresco, alimentos e água limpos, proteção contra predadores, abrigo contra o frio, a chuva, o vento, o sol e o calor excessivo, bem como uma fonte de calor quando as aves são jovens. O alojamento deve também proporcionar um ambiente estável em que as aves se sintam "confortáveis" durante o dia e a noite, protegidas contra potenciais predadores e com caixas de nidificação seguras. As galinhas necessitam de um galinheiro seco e praticamente sem correntes de ar. Em climas mais frios, isto pode ser conseguido construindo um galinheiro com janelas e/ou portas que possam ser abertas para ventilação quando necessário (Oosterwijk *et al,* 2003). Permitir um nível adequado de espaço por ave também ajuda a manter a humidade no galinheiro a um nível mínimo (NRI, 2006).

Manter as galinhas totalmente confinadas com um recinto vedado e coberto é o melhor método de proteção contra os predadores. Para as novas construções, e especialmente para as instalações maiores, considere a possibilidade de colocar um chão de betão no galinheiro. Isto ajuda a evitar que os roedores e as cobras entrem e que outros potenciais predadores escavem por baixo das paredes e do chão. As janelas e as portas devem ser cobertas de forma segura com rede de arame. No entanto, nestas circunstâncias, as galinhas (e quaisquer outras aves de capoeira mantidas em confinamento total) terão que ser abastecidas com todas as suas necessidades diárias e o galinheiro terá que ser mantido limpo (Oosterwijk *et al.,* 2003).

Tipos de alojamento para aves de capoeira

Galinheiro com corredor

No caso de percursos exteriores, o arame deve ser enterrado ao longo das bordas do recinto com uma profundidade mínima de 12 polegadas ou 30 cm. Coloque o cercado enterrado para fora, num ligeiro ângulo. Isto impede a maior parte dos predadores de escavarem por baixo do cercado. Muitos predadores tendem a escavar na base da vedação e, ao colocarem a base da vedação num ângulo abaixo do solo, encontrarão a vedação e ficarão a escavar debaixo dela. Eles encontrarão a vedação e serão dissuadidos. Se os recintos exteriores não forem à prova de predadores, as aves terão que ser fechadas em segurança antes de escurecer e abertas de novo de manhã cedo, logo após o nascer do sol. Os predadores voadores podem constituir um problema particular para os pintos jovens. Para evitar problemas com falcões e corujas, cubra os recintos exteriores com uma rede de arame ou de malha. Na ausência de uma rede, pode construir-se um bom substituto a partir de uma rede ou de uma grelha feita de cordel, o que proporcionará uma excelente proteção contra os predadores voadores (NRI, 2006).

Confinamento total

Manter as galinhas totalmente confinadas com um recinto vedado e coberto é o melhor método de proteção contra os predadores (Oosterwijk *et al.,* 2003). Nas novas construções, e especialmente nas instalações maiores, considere a possibilidade de colocar um chão de betão no galinheiro. Isto ajuda a evitar que roedores e cobras entrem e que outros potenciais predadores escavem por baixo das paredes e do chão. As janelas e as portas devem ser cobertas de forma segura com rede de arame. Contudo, nestas circunstâncias, as galinhas (e quaisquer outras aves de capoeira mantidas em regime de confinamento total) terão que ser abastecidas com todas as suas necessidades diárias e o galinheiro terá que ser mantido limpo.

Galinheiro com corredor exterior

Com percursos exteriores, enterre o arame ao longo dos bordos do recinto a uma profundidade de, pelo menos, 12 polegadas ou 30 cm. Coloque o cercado enterrado para fora, num ligeiro ângulo. Isto impede a maior parte dos predadores de escavarem por baixo do cercado. Muitos predadores tendem a escavar na base de uma vedação e, ao colocar a vedação num ângulo sob o solo, o animal encontrará a vedação e a sua morte não será possível. O animal deparar-se-á com a vedação e será dissuadido. Se os recintos exteriores não forem à prova de predadores, as aves terão que ser fechadas em segurança antes de escurecer - e abertas de novo de manhã cedo, logo após o nascer do sol.

Os predadores voadores podem constituir um problema especial para os pintos jovens. Para evitar problemas com falcões e corujas, cubra os recintos exteriores com uma rede de arame ou de rede. Na ausência de rede, pode ser construído um bom substituto a partir de uma malha ou grelha feita de cordel, o que proporcionará uma excelente proteção contra os predadores voadores.

Construa o galinheiro de modo a evitar possíveis ferimentos nas suas aves. Retire do galinheiro e do galinheiro quaisquer arames soltos ou salientes, pregos ou outros objectos com arestas vivas. Exceto no caso de poleiros feitos para esse fim, remova quaisquer outras saliências onde as aves possam tentar empoleirar-se - elas podem magoar-se ao tentar empoleirar-se em objectos inadequados.

As galinhas necessitam de um abrigo com ar fresco e luz suficiente. Em climas quentes, um telhado de ferro galvanizado ou ondulado pode tornar o galinheiro muito quente durante o dia. As galinhas não são capazes de suar. Ao abrirem o bico e ofegarem, eliminam o calor do corpo. Este ofegar pode também ser um sinal de stress térmico. As galinhas que vivem num galinheiro demasiado quente sofrem de stress térmico. Comem menos e, por conseguinte, tornam-se menos produtivas (menos ovos e menos crescimento) e, a temperaturas elevadas, podem morrer, o que constitui um motivo de preocupação considerável no que respeita à perda de caraterísticas potencialmente valiosas destas raças, incluindo a resistência às doenças e a capacidade de desempenho em sistemas de baixa produção (Oosterwijk *et al.*, 2003).

Ao ar livre ou ao ar livre

Existe uma grande diferença entre o termo "Free Range" e o conceito de uma ave que é livre de andar à solta no seu ambiente. O termo "Free Range", embora amplamente utilizado e geralmente aceite, é na realidade muito enganador e, na maioria dos países europeus, por exemplo, tem um conjunto específico de critérios mínimos recomendados. As aves não têm, de facto, liberdade de movimentos. Para complicar ainda mais esta questão, existe uma outra categoria denominada "Traditional Free Range".

Um estudo efectuado por Dawkins *et al.* (2003) concluiu que as galinhas preferem áreas arborizadas, evitam o sol forte e, nos seus cercados, ou ficam perto da casa ou procuram uma cobertura arbórea. Isto não é surpreendente, tendo em conta o facto de as aves domésticas serem descendentes das galinhas vermelhas da selva, que habitam as florestas secas do sudeste asiático e são também conhecidas como "galinhas do bambu". Um campo aberto sem qualquer cobertura não é um habitat preferido. Este facto tem implicações importantes para a conceção de sistemas de criação de aves de capoeira ao ar livre e torna claro que a cobertura arbórea é algo que deve ser providenciado para encorajar o pastoreio. Um pomar de fruta, por exemplo, seria uma área ideal para a criação em liberdade. As florestas onde as galinhas da selva ocorrem frequentemente são constituídas por densos aglomerados de bambus separados por pequenas clareiras, de modo que as aves podem ver a aproximação dos predadores mas raramente estão longe da cobertura para onde desaparecem ao sinal de perigo (Oosterwijk *et al.,* 2003).

Caça ao ar livre

O rótulo "Free Range" num ovo ou num produto de carne de aves de capoeira é um termo de comercialização específico que indica que o produto foi produzido em conformidade com os critérios estabelecidos nos respectivos regulamentos de comercialização. No Reino Unido, e noutros países da UE, por exemplo, um produto descrito como um ovo de galinhas criadas ao ar livre deve cumprir critérios básicos de gestão que proporcionem às aves uma densidade máxima de ocupação no galinheiro (9 por m^2), bem como um espaço de comedouro por ave (10 cm de comedouro/ave) e um espaço de bebedouro por ave (um bebedouro/10 aves). Além disso, as aves devem ter acesso contínuo, durante o dia, a espaços abertos cobertos principalmente por vegetação e com uma densidade máxima de 2 500 aves por hectare. Existem também requisitos específicos no que respeita à idade de abate.

Opcionalmente, os produtores podem fornecer mais provisões para as aves, o que, por sua vez, conduzirá a um produto mais saboroso, criado de forma menos intensiva e mais favorável ao bem-estar. Os requisitos do sistema Free Range tradicional diferem do Free Range por exigirem um acesso mais alargado ao ar livre, uma menor densidade populacional e uma maior idade mínima de abate. O sistema Free Range - Total Freedom tem requisitos semelhantes, mas as aves devem ter acesso ilimitado ao ar livre durante o dia (Oosterwijk *et al,* 2003)

Tradicional ao ar livre

A criação tradicional ao ar livre envolve normalmente bandos mais pequenos do que a criação ao ar livre e estes são frequentemente mantidos em galinheiros móveis. A sua posição é mudada regularmente, muitas vezes diariamente, para que as aves tenham acesso a um fornecimento mais constante de vegetação verde fresca, com alguns insectos, vermes e outros alimentos naturais. Este sistema é semelhante aos sistemas na América do Norte chamados Range Poultry, ou Pasture Poultry.

Por conseguinte, do ponto de vista da produção, as razões para fornecer pasto às aves são as seguintes

- para melhorar a fertilidade das terras (por exemplo, para posterior pastoreio por ruminantes
- para melhorar a saúde das aves
- melhorar o bem-estar geral das aves
- fornecer produtos para mercados específicos (normalmente a um preço mais elevado).
- e para obter alimentos do pasto (vegetação jovem em crescimento, insectos, trabalhos, etc.) Oosterwijk *et al.,* 2003)

Aves não confinadas

O facto de as aves de capoeira andarem à solta sem restrições é muitas vezes um problema. Elas invadem os campos e jardins vizinhos e estão constantemente em risco de serem atacadas por predadores. O confinamento pode não ser prático devido aos custos adicionais da alimentação e das vedações. A vigilância só é viável quando as pessoas muito idosas ou muito jovens do agregado familiar têm tempo para ajudar. A vedação das hortas é, em muitos casos, a melhor opção. A colocação de mais galos na aldeia pode reduzir os movimentos das galinhas, visto que é mais provável que os galos e as galinhas de cada bando se mantenham no seu próprio território.

No entanto, as aves de capoeira podem ser um benefício significativo na horta se lhes for dado acesso nas alturas certas durante a estação de crescimento. As galinhas debicam o solo, comendo ervas daninhas e podem consumir um grande número de insectos nocivos. As aves recebem muita luz solar, fazem exercício e apanham ar fresco. O estrume ajuda a fertilizar o solo, repondo os nutrientes para que a próxima colheita cresça forte e saudável. Em pomares plantados, ou debaixo de árvores de fruto, as aves também limpam os restos de vento, ao mesmo tempo que fertilizam as árvores. Num sistema de criação ao ar livre ou de necrófagos, a diferença entre as quantidades de alimentos recolhidos através da necrófagos e as necessidades alimentares totais para uma produção máxima deveria ser equilibrada com nutrientes fornecidos por um alimento suplementar. Para elaborar um suplemento adequadamente equilibrado, é obviamente necessário conhecer a quantidade e os tipos de nutrientes que as aves estão a obter do meio natural (tecnicamente designado por base de recursos alimentares dos necrófagos). Normalmente não se sabe, pelo que se recomenda que as aves tenham acesso (utilizando um sistema de refeitório de escolha livre) a três recipientes (ou três compartimentos de um comedouro de caule de bambu) de ingredientes que incluem um concentrado proteico, uma fonte de hidratos de carbono (para energia) e uma fonte mineral (principalmente para carbonato de cálcio para a formação da casca do ovo da galinha), como sugerido por Oosterwijk *et al.* (2003).

Sistemas extensivos de quintais

Nestes sistemas, as aves de capoeira são alojadas durante a noite, mas podem andar à solta durante o dia. Normalmente são alimentadas com cereais de manhã e à noite para suplementar a procura de alimentos. O fornecimento regular de comida no galinheiro assegurará que as aves regressem à noite.

A melhoria dos alojamentos trará benefícios. Se as aves se sentirem mais confortáveis nas caixas próximas, é menos provável que nidifiquem e ponham ovos no mato (Oosterwijk *et al,* 2003).

Poleiros noturnos para aves de capoeira de rua ou de quintal

No caso das aves de capoeira que se alimentam principalmente de comida de rua, um sistema viável consiste em confiná-las num abrigo seguro durante a noite, para as proteger dos predadores naturais, deixando-as vaguear livremente pelo recinto da casa durante o dia, quando os predadores estão menos activos. Desta forma, as aves terão acesso imediato à sua dieta principal de insectos e sementes que obtêm por si próprias e a quantidade de alimentos suplementares a fornecer pela família do agricultor será reduzida. Se esta for fornecida regularmente ao fim da tarde, ajudará a treinar as aves para entrarem voluntariamente no compartimento antes do anoitecer. Se o abrigo for deixado aberto durante o dia, as aves poderão procurar abrigo de tempo excessivamente quente, frio ou húmido, conforme necessário.

As galinhas necessitam de vegetação de folhas verdes e, se tal for confirmado, devem ter acesso a ela, de preferência diariamente. Esta vegetação deve ser fixada e não simplesmente deixada solta no chão do galinheiro. Oosterwijk *et al.* (2003) referiram que, em condições de liberdade, as aves bicavam as folhas e arrancavam pedaços e, se as folhas não estiverem seguras, isso torna-se muito difícil.

Confinamento de aves

Sistema Semi-Intensivo

Trata-se de uma combinação dos sistemas extensivo e intensivo, em que as aves são confinadas a uma área com acesso a abrigos. Quando o confinamento sob a forma de vedação é possível e os custos podem ser suportados, o pequeno agricultor também pode, por exemplo, avançar para os sistemas utilizados na produção tradicional de aves de capoeira ao ar livre, em combinação com ruminantes em pastoreio.

A dimensão mais comum de um bando de aves de capoeira familiar que pode ser mantido por uma família sem recursos especiais em termos de alimentação, alojamento e mão de obra adicionais é de cerca de 20 aves. Os pequenos bandos deste tamanho são capazes de recolher alimentos suficientes nos arredores da casa para sobreviverem e se reproduzirem. Qualquer tentativa de aumentar o tamanho do bando para além deste nível é suscetível de resultar em subnutrição e/ou num aumento das distâncias diárias necessárias para forjar. A colocação de vedações ou o confinamento introduzem a necessidade de fornecer um suplemento alimentar para proporcionar uma dieta equilibrada. Na maioria dos casos, estes alimentos suplementares terão de ser comprados (Oosterwijk *et al.*, 2003).

Sistemas Intensivos

Estes sistemas são utilizados por empresas comerciais de média e grande dimensão e são também utilizados a nível doméstico. As aves são totalmente confinadas em galinheiros ou gaiolas. O investimento de capital é mais elevado e as aves estão totalmente dependentes dos seus proprietários para todas as suas necessidades; no entanto, a produção é mais elevada. Os sistemas intensivos de criação de galinhas indígenas para fins comerciais são pouco comuns. Em vez disso, a produção comercial em grande e média escala baseia-se na utilização de aves híbridas. Exemplos de sistemas intensivos são:

Sistema de cama profunda

As aves estão totalmente confinadas num galinheiro com 3 a 4 aves/m^2 mas podem deslocar-se livremente. O chão é coberto com uma cama profunda (camada de 5 a 10 cm de profundidade) de cascas de cereais (milho ou arroz), palha, aparas de madeira ou um material absorvente semelhante e não tóxico. O sistema totalmente fechado protege as aves de ladrões e predadores e é adequado para raças comerciais especialmente selecionadas de aves de capoeira produtoras de ovos ou de carne (poedeiras, bandos de reprodução e frangos de carne) (Oosterwijk *et al.,* 2003).

O espaço necessário para o chão, o comedouro e o bebedouro do peru é o indicado no Quadro 1:

Tabela 1: Requisitos de espaço no chão, no comedouro e no bebedouro dos perus:

Age	Floor Space (Ft^2)	Feeder Space (cm^2) (Linear feeder)	Waterer Space (cm^2) (Linear waterer)
0-4 weeks	1.25	2.5	1.5
5-16 weeks	2.5	5.0	2.5
16-29 weeks	4.0	6.5	2.5
Turkey breeder	5.0	7.5	2.5

Fonte: Oosterwijk *et al.* (2003)

Sistema de gaiola de bateria

Este sistema é geralmente utilizado para aves poedeiras, que são mantidas durante toda a sua vida produtiva em pequenas gaiolas. O investimento de capital inicial é elevado e o sistema está sobretudo confinado a operações comerciais de produção de ovos em grande escala (Oosterwijk *et al.,* 2003).

História e domesticação do peru

Os perus são criados há muitos anos pelas suas excelentes qualidades para a mesa. Os perus pretos foram introduzidos em Inglaterra já no início da década de 1520, vindos de Espanha, e mais tarde ficaram conhecidos como perus pretos de Norfolk, em homenagem ao condado de Norfolk, onde eram criados e se tornaram populares pelas suas qualidades para a mesa. O Norfolk Black foi um dos primeiros a ser padronizado no Reino Unido. Pensa-se que os perus são originários da Ásia e mais tarde distribuídos pela América do Norte (Monsi, 1994). No entanto, o mesmo autor defende que o peru é originário da América do Norte (Brant, 1998) e da América Central (Pattison, 1992), tendo sido domesticado na Europa. De acordo com Smith (2201), o peru foi provavelmente domesticado no México e foi utilizado como ave doméstica pelas comunidades indígenas no que é agora o Sul - Oeste dos EUA. Os perus foram introduzidos na Europa nos anos 1500, provavelmente em Espanha, como resultado da colonização europeia da América Central.

As diversas variedades europeias foram desenvolvidas por seleção a partir de raças importadas e estas variedades foram reintroduzidas nos EUA;

Nolfolk Preto: Ave de tamanho médio com boa conformação de carne. Os machos pesam até 7-8 kg, enquanto as fêmeas (galinhas) pesam entre 4-5 kg.

Mamute Bronze: Ave de grande porte, com peito estreito e baixa produção de ovos. Os machos podem pesar até 18 kg na maturidade.

Bronze de peito largo: Tem uma fertilidade fraca, a menos que se recorra à inseminação artificial. Os machos podem pesar até 16,33kg e as fêmeas 9,07kg.

De acordo com Thear e Fraser (1986), os perus selvagens do mundo foram caçados quase até à exterminação em muitas áreas, mas também estavam a ser domesticados. O stock original levado da América para a Europa foi melhorado e depois reintroduzido. Em geral, começou a aparecer uma ave mais pesada e mais carnuda e, em meados do século XIX, foi desenvolvido o famoso peru de bronze.

Na África Ocidental, especialmente na Costa do Marfim, o peru branco de Beltsville é produzido durante todo o ano para satisfazer as necessidades dos turistas. Atualmente, existem cerca de 250 milhões de perus no mundo, dos quais 150 milhões se encontram em países desenvolvidos (Smith, 1992). O crescimento do sector foi possível graças à intensificação da produção e ao desenvolvimento de raças de grande porte, com pesos padrão de 15-17 kg para os machos e 8-10 kg para as fêmeas. Algumas delas provinham de explorações familiares (Ogundipe e Dafwang, 1986; Ojewola, 1993). O crescimento da produção de carne de peru tem sido muito dinâmico desde a década de 1970. As existências de perus aumentaram de 100 milhões para mais de 276 milhões de aves em 2004 e o volume de produção de 1,2 para 1,5 milhões de toneladas. O crescimento das existências de perus e da produção de carne de peru revela diferenças regionais notáveis. Desde 1970, a América do Norte e a América Central dominam este ramo do sector avícola, mas a Europa tem vindo a ganhar quotas de mercado. Contrariamente ao sector dos frangos de carne, a Ásia só desempenhou até agora um papel secundário no sector dos perus. Apesar deste sucesso, o papel que o peru desempenha na produção de carne de aves de capoeira não deve ser sobrestimado, uma vez que apenas contribuiu entre 7 e 9% para a produção global de carne durante as últimas décadas (Windhost, 2006). A produção de perus na Nigéria manteve-se em grande medida ao nível dos pequenos agricultores devido a várias razões, desde problemas de gestão à falta de incentivos por parte do governo nigeriano (Udokainyang, 2001).

Classificação da Turquia

O nome latino do peru da América do Norte *é Meleagris gallopavo. Meleagris* é o nome da galinha da Guiné. *O termo gallopavo* deriva de duas palavras: *"gallus"* e *"pavo"*. Gallus é a classe taxonómica a que pertence a galinha doméstica e uma palavra grega que designa as cristas ou o crescimento carnudo na cabeça da galinha, especialmente do galo. "*Pavo*" é o nome da galinha-d'angola, outro nome da família das aves domésticas.

A origem do nome "Turquia" é incerta. As tentativas de explicação baseiam-se em várias teorias, sendo as mais populares as seguintes;

1 Este peru é provavelmente originário do antigo "império turco".

2 Baseado numa das notas de chamada da ave "turk turk"

3 Semelhança do investimento da cabeça do peru macho (tom) com o capacete de um soldado turco (Monsi, 1994).

Na Nigéria, foram identificadas duas raças de perus locais, puras e cruzadas.

Os perus locais são forrageadores naturais e podem ser mantidos como necrófagos (Peters *et al,* 2002). As raças locais são resistentes e têm uma certa resistência às doenças, embora a sua resistência a doenças como a doença de Newcastle, a varíola aviária e a coccidiose seja baixa, o que resulta numa elevada taxa de mortalidade no sistema de gestão extensiva (Oluyemi, 1990).

Gestão de perus

As práticas de maneio dos perus evoluíram com base em anos de experiência prática aliada à investigação científica (Jin *et al.,* 1998). Os cuidados e a gestão dos bandos de perus dependem da idade, da localização, da estação do ano, das instalações, da saúde e de muitos outros factores.

Gestão da criação

Uma iluminação clara é essencial durante a incubação. Uma boa iluminação é importante para permitir que as aves se exercitem com precisão entre poleiros e evitem lesões (BBSRC, 2002). São utilizados dois sistemas básicos de controlo da temperatura para a criação de pintos de carne:

Incubação pontual (cobertura ou aquecedores radiantes):

A fonte de calor é local, pelo que os pintos podem deslocar-se para zonas mais frescas, selecionando assim a sua temperatura preferida. Na configuração de uma instalação de incubação pontual, que seria típica para 1 000 pintos no primeiro dia, os pintos são colocados num quadrado de 5x5 metros ($25m^2$) ou num quadrado de 16,5x16,5 pés (272 $pés^2$), o que dá uma densidade animal inicial de 40 $pintos/m^2$ (4 $pintos/ft^2$). Se a densidade animal for aumentada, o número de comedouros e bebedouros e a capacidade de aquecimento da criadeira devem também ser aumentados em conformidade (Aviagen, 2009).

O comportamento dos pintos é o melhor indicador da temperatura correta da incubadora. No caso da incubação pontual, a temperatura correta é indicada pelo facto de os pintos estarem uniformemente espalhados pela área de incubação (Aviagen, 2009).

Criação em galpão inteiro: A fonte de calor é maior e mais espalhada, pelo que os pintos são menos capazes de se deslocar para selecionar uma temperatura preferida. A criação em galpão inteiro refere-se a situações em que todo o galpão ou uma parte definida do galpão é aquecido apenas por "aquecedores de ar forçados" e o objetivo é atingir uma temperatura no galpão ou no espaço aéreo. Na incubação em galpões inteiros, não há gradiente de temperatura dentro do galpão, embora também possam ser instalados criadouros suplementares. A principal fonte de calor do galpão pode ser direta ou indireta (utilizando ar quente) (Aviagen, 2009). No caso da criação em galpão inteiro, a temperatura correta é indicada pela formação de grupos de 20-30 pintos, com movimentos entre grupos. Deve haver alimentação e bebida contínuas dentro do bando (Aviagen, 2009).

Tanto nos sistemas de incubação pontual como nos sistemas de incubação em galpões inteiros, o objetivo é estimular o apetite e a atividade o mais cedo possível. A obtenção de uma temperatura óptima é fundamental.

Factores que afectam o desempenho dos perus

Factores genéticos que afectam o desempenho dos perus

A conformação da carcaça dos perus de carne pode ser expressa em termos de peso corporal e de medidas lineares do corpo. Tradicionalmente, os geneticistas utilizavam estas medidas como guia para melhorar a qualidade comercial dos animais reprodutores. O potencial genético dos perus pode ser afetado por programas de reprodução como a consanguinidade e o cruzamento (Adeniji e Ayorinde, 1990). Dale *et al.* (1993) provaram que a consanguinidade se reflecte obviamente numa menor eficiência reprodutiva, incluindo taxas de mortalidade mais elevadas, taxas de crescimento mais baixas e maior frequência de defeitos hereditários. No entanto, afirmaram que se trata de um instrumento útil no domínio da reprodução animal que permite ao criador descobrir e eliminar genes recessivos prejudiciais na população. O cruzamento envolve o acasalamento de animais de raças diferentes dentro da espécie. O gene dominante normalmente mascara o gene recessivo para produzir um vigor híbrido, aumentando assim a ocorrência de heterozigose na população.

Horst (1989) e Ibe (1993) referiram que certos traços sob a influência de alguns genes foram considerados relevantes no ambiente de produção tropical, que é caracterizado por factores de stress. A taxa de crescimento potencial é a taxa de crescimento máxima possível que o genótipo pode atingir quando lhe são dadas condições nutricionais e de criação perfeitas (Gous, 1997). A taxa máxima de crescimento potencial de um animal é um carácter herdado, que reflecte as caraterísticas da raça dos seus progenitores e o seu mérito particular.

O padrão de crescimento pode ser alterado em galinhas e codornizes através da seleção do peso corporal numa determinada idade. A seleção do peso corporal produz geralmente um maior aumento do peso do músculo peitoral nos perus. A seleção genética pode ser utilizada para alterar a ingestão independentemente do crescimento e do peso corporal, melhorando assim a eficiência.

Factores ambientais que afectam o desempenho dos perus

O ambiente, de acordo com Say (1990), é a soma total de todos os factores não genéticos desde a conceção do organismo até ao seu estado recente e fase de existência. Estes incluem: temperatura e humidade, nutrição, regime alimentar, estado de saúde, etc.

Temperatura e humidade

Spinu *et al.* (1993) referiram que os perus expostos a temperaturas elevadas têm uma taxa de crescimento mais baixa, produzem menos ovos e têm uma mortalidade mais elevada. O stress térmico nas galinhas suprime a atividade dos fagócitos, a imunidade mediada por células e a síntese de anticorpos. Tal como referido por Cooper e Washburn (1997), o efeito do stress térmico na eficiência da utilização dos alimentos varia com a idade. Maurice *et al.* (1990) referiram que a deposição de proteínas não é significativamente afetada pela temperatura. A baixas temperaturas, é provável que haja um diferencial de energia para a manutenção e o crescimento. As necessidades energéticas teriam prioridade, pelo que a energia retida sob a forma de gordura seria reduzida à medida que a temperatura descesse abaixo de um valor crítico. Rose e Michie (1987) referiram que o rendimento do peito dos perus variava entre 23,3% a 14 oc e 29,9% a 23^0 C. Os perus sentem-se geralmente mais confortáveis quando as temperaturas variam entre 21-26^0 C. O consumo de ração e o crescimento podem ser afectados quando a temperatura sobe acima de 27^0 C, o que pode resultar em exaustão ou prostração pelo calor. As temperaturas elevadas são particularmente stressantes quando associadas a níveis elevados de humidade. Os perus são animais de sangue quente e devem manter uma temperatura relativamente uniforme de 41-42^0 C numa vasta gama de condições ambientais. Se o calor produzido pela ave for superior ao calor perdido, a temperatura corporal da ave aumenta; se aumentar 9-11^0 F e atingir 47^0 C, o peru morre por dissipação de calor. O movimento do ar (ventilação) é fundamental para que os perus sobrevivam às condições estivais.

May *et al.* (1998) referiram que a taxa de ingestão de um determinado tipo de ave num determinado estado dependerá da temperatura do ambiente em que é mantida. Emmans (1989) calculou que seria necessária uma temperatura de 10-12^0 C para os perus durante as 10-18 semanas de idade para permitir a dissipação do calor de modo a não haver qualquer efeito inibidor do crescimento. Charles (1986) referiu que, com o aumento da temperatura, a taxa de crescimento diminui e a conversação alimentar melhora. Observou-se que a temperatura ambiente de 14 a 20^0 C deprimia o consumo de ração e reduzia os ganhos de peso dos perus após 10 a 12 semanas de idade. Além disso, uma temperatura superior a 20^0 C não limita os ganhos dos perus jovens de menor peso corporal (Emmans, 1989).

Nutrição

A nutrição é o fator não genético mais importante que afecta as caraterísticas de crescimento e de composição corporal dos animais. Um animal em crescimento precisa de receber nutrientes para satisfazer as necessidades do seu corpo e para o crescimento de todos os outros componentes do corpo, incluindo as penas (Gous, 1997). Uma dieta inicial para perus com 24 a 28% de proteína bruta deve ser fornecida até às 8 semanas de idade. Idealmente, deve ser dada uma ração com 28% de PC durante as primeiras 4 semanas e reduzida para 24% de PC nas 4 semanas seguintes. Esta proteína é reduzida para 20% de PC e fornecida até à comercialização (Gerry-

Bolla, 2006).

À medida que os perus envelhecem, as necessidades metabólicas de energia aumentam. São necessários níveis dietéticos de vitaminas e minerais mais elevados do que os utilizados para os frangos de carne, especialmente durante as primeiras 12 semanas. As necessidades de lisina para o crescimento rápido dos pintos jovens representam 13% do total de aminoácidos essenciais

ácido. Uma dieta rica em proteínas diminui o peso da gordura abdominal e o peso corporal. Verificou-se que uma dieta hipoproteica diminuía significativamente o peso corporal dos perus. As vitaminas e os minerais essenciais aumentam ou diminuem com a idade do peru (Rose e Michie, 1987).

Doenças dos perus

Os perus podem desenvolver problemas nas pernas e doenças metabólicas. Muitos dos problemas encontrados na criação de perus estão relacionados com a rapidez com que crescem (Kouba *et al,* 1982). Os perus são susceptíveis a duas infecções parasitárias importantes, que são controladas profilaticamente através da modificação da alimentação. Tal como as galinhas, os perus jovens podem ser infectados com coccidiose, embora a espécie de coccídio seja diferente. As espécies mais importantes para os perus são a *Eimeria adenoeides* e *a Eimeria meleagrimitis* (Pattison, 1992). Para controlar a coccidiose, a alimentação dos perus até cerca de 8 semanas de idade é normalmente medicada com um coccidiostático aprovado. Outra infeção parasitária importante dos perus é a cabeça negra. Esta doença afecta os perus numa fase mais tardia do seu crescimento e é controlada pela incorporação profiláctica de um medicamento contra a cabeça negra. Estes medicamentos devem ser retirados da alimentação durante o período prescrito antes de os perus serem abatidos para consumo humano (Pattison, 1992).

Perfil sanguíneo na produção de aves de capoeira

Parâmetros hematológicos

Onifade (1993) explica que o exame de sangue é uma boa forma de avaliar o estado de saúde dos animais, uma vez que desempenha um papel vital no estado fisiológico, nutricional e patológico do animal. A ingestão de numerosos componentes da dieta também tem um efeito mensurável nos constituintes do sangue (Church *et al.,* 1984).

Odunsi (1991), no seu próprio estudo, também referiu que o parâmetro hematológico é um índice importante do estado patológico e nutricional do animal. Por conseguinte, o exame do sangue constitui uma oportunidade valiosa para avaliar clinicamente a qualidade dos alimentos.

I. **Hemoglobina (Hb)**

É geralmente determinada por reacções químicas colorimétricas ou espectrofotométricas e calculada manualmente ou por um analisador hematológico automático (Wayne e Cliff, 1987). Funciona como um transportador de oxigénio na célula. Assim, a concentração de hemoglobina no sangue dá uma indicação da capacidade de transporte de oxigénio do sangue do indivíduo. A nutrição é o fator mais importante que afecta o nível de hemoglobina no sangue, como refere Udo (1987). Pellet e Young (1980) confirmaram que os níveis de hemoglobina estão positivamente correlacionados com a qualidade e o nível de proteínas nas dietas. Os valores de Hb têm sido utilizados como um teste de anemia nutricional em animais de criação, Keir *et al.*, (1982). Nas aves de capoeira, os valores normais variam entre 11 e 15g/dl.

Valores hematológicos derivados:

a. Hemoglobina corpuscular média (HCM)

É a percentagem de hemoglobina em 100 ml de glóbulos vermelhos. É diferente da concentração de Hb, que corresponde às células de hemoglobina em 100 ml de sangue total.

$$\text{MCH (g/mg)} = \frac{\text{Hb x 10}}{\text{RBC (in millions)}}$$

b. Concentração média de hemoglobina corpuscular (MCHC)

É o teor médio de hemoglobina de uma célula. É o peso da Hb numa célula média
eritrócitos de uma população de células.

$$\text{MCHC} = \frac{\text{Hb} \quad \text{x} \quad 100}{\text{Hct}} \quad \text{or} \quad \frac{\text{MCH}}{\text{MCV}} \quad \text{x} \quad \frac{100}{1}$$

(Hct = haematocrit)

c. Volume de células compactadas/Haematócrito (PCV ou Hct)

É a percentagem de sangue total composta por glóbulos vermelhos. O PCV ou Hct é uma função do componente celular do sangue e varia consoante a quantidade de plasma sanguíneo. É determinado numa centrífuga de micro-hematócrito com um leitor de heamatócrito. Existe uma relação direta entre o PCV do sangue e os níveis de energia da alimentação (Jain, 1986).

A gama normal de PCV em aves de capoeira situa-se entre 27-36%. É também utilizado como um teste de anemia nutricional em animais de criação. Keir *et al.*, (1982) referiram que um valor baixo de PCV se deve a uma deficiência de ferro.

II. **Glóbulos vermelhos (RBC) ou eritrócitos** - São discos bicôncavos não-nucleados/amarelos esverdeados quando corados (Wayne e Cliff, 1987). É determinado utilizando o hemocitómetro. O número de glóbulos vermelhos varia de espécie para espécie devido a variações fisiológicas ou a determinadas condições patológicas (Brij *et al.*, 1977). Os glóbulos vermelhos desempenham a sua função normal nas trocas gasosas, no mecanismo de coagulação e na participação no sistema tampão do sangue. É também um transportador de oxigénio no sangue.

III. **Glóbulos brancos (WBC) e seus componentes**

São células nucleadas que consistem em vários tipos que podem ser classificados em 3 formas: granulócitos, linfócitos e monócitos. Os granulócitos têm um único núcleo com muitos lóbulos e podem ser diferenciados por coloração em neutrófilos, eosinófilos e basófilos. Os neutrófilos apresentam uma coloração púrpura-violeta na coloração de Gram com a forma de feijão-frade. A concentração de eurófilos determina o nível de stress a que o animal foi exposto. A concentração excessiva de neutrófilos encontra-se em situações de inflamação infecciosa e em condições de stress ou induzidas por esteróides. Os eosinófilos são multilobulares e corados de vermelho alaranjado. Os valores excessivamente altos ou reduzidos são encontrados em associação com alergia e parasitismo. Os basófilos são mais pequenos do que os neutrófilos, também com forma de feijão. Valores elevados são encontrados em espécies animais em condições de danos crónicos nos tecidos e leucemias mielóides. Os linfócitos desempenham um importante papel protetor e estão associados à produção de anticorpos e ao reconhecimento de substâncias estranhas, como bactérias e vírus. Encontram-se valores baixos em animais infectados com vírus. Os monócitos são células grandes (16-20 micrómetros de diâmetro) coradas de rosa e de natureza granulada. Estão envolvidos na reparação de vasos sanguíneos danificados, participando ativamente no processo de coagulação.

Bioquímica do soro

Proteína total do soro (TSP)

Estas incluem a albumina (SA) e a globulina sérica (SG). As proteínas séricas totais são sensíveis às influências nutricionais, uma vez que a depleção de proteínas da dieta se manifesta por hipopteineamia. As PTS aumentam com a idade (Kaneko, 1989), enquanto as alterações do nível nutricional se reflectem menos na albumina do que na globulina (Adebisi, 1977). O nível de TSP não está diretamente relacionado com a quantidade de calorias ingeridas, mas sim com a disponibilidade de proteínas e micronutrientes.

As aves com um nível elevado de TSP para além do normal revelam uma indicação de desidratação e infeção. Os animais em lactação também revelam um aumento da TSP. Valores anormalmente baixos são uma indicação de doenças hepáticas, doenças renais, má absorção e imunodeficiência (Wayne e Cliff, 1987). As proteínas do soro funcionam como mecanismo de defesa. Está envolvida na manutenção da pressão osmótica plasmática, que é responsável pela manutenção do equilíbrio dos fluidos biológicos. Foi estabelecido que a TSP diminuía em animais mal alimentados (Eggum, 1989).

Ureia sérica/ácido úrico sérico

A ureia é o produto residual azotado que se forma no fígado a partir de 2 moléculas de amoníaco como produto final da utilização de aminoácidos. É transportada no plasma para o rim, onde é excretada na urina. É determinada colorimetricamente através do espetrofotómetro. A ureia sérica é uma função da qualidade da proteína fornecida a um animal (Oduguwa e Ogunmodede, 1995). Quando a energia ou a doença apresentam uma utilização eficiente da proteína, os níveis de ureia sérica são elevados como consequência do aumento da desaminação. Também se registam níveis elevados em situações patológicas em que há perda de tecido.

Presume-se normalmente que níveis elevados de ureia sérica se devem a insuficiência renal. A insuficiência cardíaca crónica com uma função renal deficiente reduz a quantidade de ureia levada para o rim em circulação. As dietas ricas em proteínas podem aumentar o nível de ureia. Uma dieta pobre em hidratos de carbono pode levar à degradação das proteínas corporais e aumentar a ureia sérica.

A desidratação pode também provocar um aumento da ureia sérica (Wayne e Cliff, 1987). Foi observada uma forte correlação inversa entre a eficiência da utilização de proteínas e o nível de ácido úrico no sangue (Eggum, 1989). Bock *et al.* (1989) indicaram que a ureia no sangue está positivamente correlacionada com a ingestão de proteínas. No entanto, Tewe (1985) registou uma correlação negativa entre o ácido úrico sérico e a concentração de creatinina.

Transaminase glutamato-oxaloacetato sérica (SGOT)

Atualmente é conhecida como Aspartato aminotransferase (AST) - está relacionada com a medição das actividades das enzimas associadas ao metabolismo dos aminoácidos. É útil como indicador de danos celulares no fígado e no miocárdio (Mónica, 1987). Ekpenyong e Biobaku (1986) confirmaram que a SGOT é normalmente baixa no sangue, mas torna-se elevada quando o nível de nutrição é baixo ou quando há ocorrência de danos no fígado.

Transaminase glutamato-piruvato sérica

Atualmente, chama-se Alanina aminotransferase (ALT). É um indicador da atividade enzimática. O valor aumenta em caso de anorexia hepática, perturbações metabólicas, hepatoxinas e hepatite.

Creatinina sérica (SC)

É utilizado como uma medida indireta da utilização de proteínas, SC indica a extensão da degradação muscular. Quando os valores são elevados, indicam uma elevada degradação da creatina-fósforo muscular para formar creatinina. Os valores normais de creatinina sérica variam entre 0,90 - 1,35mg/dl.

Glicose sérica (SG)

Adebisi (1997) referiu que o nível de glucose é utilizado para manter a função normal do sangue e que diminuiu entre 2 a 8 semanas em frangos de carne castanhos isentos de agentes patogénicos específicos de 281 a 163,1 mg/100 ml. É uma indicação do nível de energia da ave.

Rendimento de carcaça em perus

A composição da carcaça está relacionada com a proporção relativa de carne magra, gordura e osso. Por conseguinte, uma carcaça de elevada qualidade é, na maioria dos casos, uma carcaça com uma grande quantidade de músculo e uma pequena quantidade de osso e gordura (Kidd *et al,* 1997). A proporção entre o peso preparado e o peso vivo (ou seja, a percentagem de preparação) é a medida normalmente utilizada para determinar a qualidade da carcaça. O peso depenado é muito mais importante para o cliente do que o peso vivo, uma vez que as penas são removidas, o que determinará a quantidade de peso exigida pelo consumidor.

Nos perus, o peso relativo das partes cortadas tem sido de grande interesse nos últimos anos. Skinner *et al.* (1992) referiram que a percentagem de toucinho e o teor de gordura abdominal diminuíam significativamente à medida que a densidade nutricional aumentava, devido à redução do consumo de ração. No passado, os programas de alimentação davam prioridade ao rendimento vivo da carne, tendo em conta os efeitos sobre o peso vivo ou o ganho de peso, a conversão alimentar e, por vezes, a vivacidade. O grau de ênfase na alimentação está agora a mudar para obter um rendimento de carne de peito que seja rentável.

Uma vez que ocorre uma maior deposição de carne do peito com a idade nos perus (Peng *et al.* 1985; Swatland, 1989). Poderá ser necessário alimentar os perus para pesos vivos mais elevados com dietas mais densas em nutrientes. A relação entre o peso corporal e o rendimento em carne de peito foi demonstrada (Douglas *et al.*, 1999; Lilburn, 1999, Crouch *et al.*, 2000). No entanto, o peso corporal por si só pode não refletir com precisão o rendimento em carne do peito por várias razões. As influências precoces no desenvolvimento do músculo do peito podem não ser detectadas. As influências sobre as curvas de crescimento e a utilização de nutrientes para produzir carne podem não ser evidentes apenas com o peso corporal.

O estudo (Waldroup *et al.*, 1997) demonstrou uma relação entre o rendimento da carne e o nível de proteína da dieta. Verificou-se que os tomates brancos grandes aumentaram a percentagem de rendimento de carne do peito com dietas formuladas para fornecer 85 - 120% da recomendação de aminoácidos do NRC (1994). O rendimento máximo de carne do peito foi obtido com 105%.

Noutro estudo relacionado, Stangeland *et al.* (1999) referiram que a redução das proteínas da dieta, mantendo os aminoácidos essenciais para além da treonina, estava associada à redução do rendimento em carne do peito. O rendimento em relação ao custo da ração foi mais afetado pelo rendimento em carne do peito do que pelo peso vivo.

Num estudo sobre a suplementação de proteína e treonina na dieta, Kidd *et al.* (1997) concluíram que a proteína da dieta podia ser reduzida a 92% do NRC (1994) com suplementação de lisina, metionina, treonina e triptofano a 102% do NRC (1994) para obter um rendimento de carne do peito semelhante ao do controlo, enquanto a proteína da dieta podia ser reduzida a 84% do NRC (1994) com treonina adicional e ainda assim obter um crescimento e uma conversão alimentar favoráveis. No entanto, numa série de outros estudos (Sell *et al.*, 1989; Sell *et al*, 1994) o rendimento em carne do peito não foi afetado pelo nível de proteínas e não interagiu com o nível de energia metabolizável da dieta.

Han e Baker (1994) também encontraram um requisito mais elevado de lisina para o rendimento da carne do peito dos frangos de carne e para a relação alimentação/ganho em comparação com o peso corporal durante 16-20 semanas de idade em excesso do NRC (1994) para o crescimento e rendimento da carne do peito. Waibel *et al.* (1995) suplementaram dietas 100% proteicas NRC com 10% adicionais de metionina e obtiveram uma resposta em termos de carne do peito num dos estudos comparável à dos perus do mercado.

Waldroup *et al.* (1997) descobriram que o rendimento da carne do peito diminuía quando o plano alimentar era avançado demasiado depressa nos perus. Kalbfleisch *et al.* (2000) descobriram no seu estudo que a adição de betaína melhorava a quantidade de carne do peito e a percentagem de peso da carcaça em perus pesados, tanto em condições de criação de inverno como de verão.

Geralmente, a carne de peru é uma excelente seleção em todas as refeições para ajudar a satisfazer as necessidades proteicas de um indivíduo, devido às seguintes razões:

- O peru é líder na classe das carnes "magras", com a variedade de cortes frescos disponíveis, pode ser facilmente incorporado no menu diário.
- O peru é uma excelente fonte de proteínas, fornecendo os aminoácidos essenciais necessários para a renovação e manutenção dos tecidos do corpo e fornecendo energia alimentar.
- O peru é uma boa fonte de fósforo, um fator importante para o desenvolvimento normal dos ossos e dos dentes.
- A carne de peru tem menos calorias e contém menos gordura.
- A carne de peru contém menos colesterol.

MATERIAIS E MÉTODOS

Sítio experimental

A experiência foi realizada no ano de 2013 na Unidade de Perus da Direção da Quinta Universitária (DUFARMS), Universidade Federal de Agricultura, Abeokuta, Estado de Ogun, Nigéria. O local está situado na zona de vegetação de floresta tropical do Sul - Oeste, na Latitude 7^0 10' N e Longitude 3^0 2' E e altitude de 76m acima do nível do mar (Google Earth 6.0, 2012). O clima é húmido, com uma precipitação média anual de cerca de 1037 mm e uma temperatura e humidade médias de $34{,}7^0$ C e 83%, respetivamente.

Aves experimentais e gestão

Um total de 192 aves de um dia não sexadas (96 de cada perus adaptados localmente e da British Unit Turkeys) foram adquiridas na Agrited hatchery Nigeria Limited, no sudoeste da Nigéria. Os peruzinhos foram criados intensivamente juntos durante três semanas no chão, com uma necessidade de espaço de 0,25 metros quadrados por peruzinho. No final da terceira semana, cada raça de aves de capoeira foi colocada numa base de equalização de peso (equilibrando os sexos) e distribuída aleatoriamente por dois grupos de tratamento de sistemas de alojamento em camas fundas e gaiolas de madeira com 48 aves cada. Cada grupo de tratamento foi ainda dividido em quatro réplicas de doze (12) aves cada. As práticas de maneio de rotina e ocasionais na produção de perus foram levadas a cabo quando necessário. Os comedouros e bebedouros foram limpos diariamente e foram fornecidos diariamente alimentos e água frescos. Os materiais da cama (aparas de madeira) foram mudados de quatro em quatro noites e no momento devido durante todo o período experimental. A composição (%) da ração fornecida às aves é a indicada no quadro 2. Os alimentos e a água foram fornecidos *ad libitum.*

Quadro 2: Composição (%) das dietas experimentais

Ingredient	Starter mash (0 - 8wks)	Grower mash (9 – 16wks)
Maize	41.00	63.50
Soya bean meal	52.00	29.50
Oyster shell	3.40	3.40
Fish meal (72%CP)	0.20	0.20
Bone Meal	2.40	2.40
Salt (NaCl)	0.30	0.30
Lysine	0.25	0.25
Methionine	0.20	0.20
Vit./Min. Premix	0.25	0.25
Total	**100.00**	**100.00**

Análise calculada

Crude Protein (%)	26.6	19.15
Crude Fiber (%)	4.25	3.22
Ether Extract (%)	2.42	2.98
Calcium (%)	2.14	2.10
Phosphorous (%)	0.48	0.47

Dimensões dos sistemas de caixas

Cada gaiola de madeira, bem como cada recinto de cama funda, tem uma dimensão de 1m x9m, ou seja, 9m^2 que albergava 12 perus. A altura da gaiola de madeira, que era feita de rede de arame e madeira com metal galvanizado na base, era de 2,5 m do chão ao teto.

Conceção experimental

O esquema experimental foi um arranjo fatorial 2x2 que continha dois sistemas de alojamento (gaiola de madeira e cama funda) e duas raças de perus (adaptados localmente e exóticos).

Recolha de dados

As seguintes medições foram efectuadas sobre o desempenho de crescimento dos pintos na fase de arranque e de acabamento:

Determinação do desempenho do crescimento

(i) Weight gain (g)

Foram medidos os pesos corporais iniciais de cada um dos grupos de perus e os pesos corporais subsequentes foram registados semanalmente.

$$\text{Weight gain} = \text{Final weight} - \text{Initial weight.}$$

(ii) Feed Intake (g)

Foram dadas rações a cada um dos grupos de aves e os restos de ração foram pesados para determinar consumo diário de alimentos e, consequentemente, o consumo semanal de alimentos. Este valor foi calculado através da fórmula:

(iii) $$\text{Feed intake per bird} = \frac{\text{Feed supplied} - \text{Left over of feed}}{\text{Number of birds}}$$

(iv) $$\text{Feed conversion ratio (FCR)} = \frac{\text{Total Feed intake (g)}}{\text{Total body weight gain (g)}}$$

(v) $$\text{Percentage mortality} = \frac{\text{number of dead birds per replicate}}{\text{Initial number of bird per replicate}} \times 100$$

Análise do sangue

Foram colhidas amostras de sangue (2 ml cada) às 6th e 12th semanas de idade, respetivamente, através das asas de cada um de 2 perus numa réplica, para um frasco contendo etileno diamina tetra-acetato (EDTA) para análise sérica e hematológica. As amostras de sangue foram analisadas para determinar o volume de células compactadas (PCV). A taxa de sedimentação eritrocitária (VSG), a concentração de glóbulos vermelhos (RBC), de glóbulos brancos (WBC) e de hemoglobina (Hb) foram analisadas segundo o procedimento padrão. As proteínas totais séricas, a albumina e a globulina foram analisadas colorimetricamente utilizando um kit de reagentes de diagnóstico. Os procedimentos pormenorizados são os seguintes:

Procedimentos para a análise do sangue

Volume de células compactadas (PCV)

A percentagem de eritrócitos no sangue foi determinada utilizando o método de centrifugação do hematócrito, tal como descrito por (Dacie e Lewis, 1995). Mergulhou-se um tubo capilar na amostra até o encher a cerca de três quartos do seu comprimento. O excesso de sangue no lado do tubo capilar foi limpo de modo a manter uma leitura exacta. Uma extremidade do tubo foi então selada num bico de Bunsen. O tubo capilar é colocado num leitor de micro-hematócrito e o nível de células compactadas é considerado como o volume de células compactadas.

Glóbulos vermelhos

O sangue colhido num frasco com EDTA foi diluído com NaCl a 0,9% e bem agitado. O sangue diluído foi montado num hemocitómetro e o número de eritrócitos num volume circunscrito (0,02 mm3) foi contado microscopicamente. Os eritrócitos calculados foram expressos em milhões por milímetro cúbico (Baker e Silverton, 1985).

Hemoglobina (Hb)

Encheu-se um tubo capilar simples até cerca de três quartos do fundo e selou-se. Foi colocado numa centrifugadora de micro-hematócrito com a extremidade selada virada para fora e apoiada na almofada de borracha. A outra extremidade foi coberta com um material plástico. O conteúdo do tubo capilar foi centrifugado durante cinco minutos a 11000 rpm. Após a centrifugação, o tubo foi colocado num leitor de hematócrito. Este tem uma escala linear; o fundo do conteúdo do tubo estava a 100. A partir da escala, leu-se o nível da parte superior das hemácias e o valor da hemoglobina.

Glóbulos brancos (WBC) e seus componentes

A estimativa do número total de glóbulos brancos foi efectuada imediatamente após a colheita da amostra de sangue dos animais experimentais, utilizando a câmara de contagem do hemocitómetro de Neubauer (Jain, 1986). A partir da amostra de sangue do animal testado, pipetou-se 0,2 ml da amostra de sangue e misturou-se com 4 ml de líquido de diluição de leucócitos (líquido de leucócitos constituído por uma solução aquosa de ácido acético a 3% e violeta de genciana a 1%). A amostra foi então colocada no hemocitómetro e as células foram contadas e expressas como 10% de leucócitos por litro de sangue.

Proteína sérica total

Solução 1: Contém 45 g de tetratos de sódio e potássio (sal de Rochelle) dissolvidos em 400 ml de NaOH 0,2 N num copo. Adicionam-se 15 g de $CuSO_4.5H_2O$ e 5 g de iodeto de potássio, que se dissolvem completamente por agitação. A mistura foi lavada com NaOH 0,2 N e vertida no balão. A solução foi completada até 1 litro com NaOH 0,2 N.

Solução 2: Consiste em iodeto de potássio (KI) a 0,5% em NaOH 0,2 N no reagente de Biureto. Uma alíquota da solução 1 foi diluída a 250 ml com a solução 2. Pipetou-se uma alíquota de 0,1 ml da solução 2 para um tubo de ensaio e adicionaram-se 2,9 ml de H_2O. Pipetou-se para o tubo de ensaio o branco constituído por 0,3 ml de água destilada. A cada tubo de ensaio foi adicionado 0,3 ml de reagente de biureto e todos os tubos foram incubados num banho de água a 37^0 C durante 10 minutos. As leituras foram efectuadas a 540 nm depois de os instrumentos terem sido colocados em zero com a solução em branco.

A proteína total sérica (PTS) de cada amostra foi calculada utilizando a fórmula:

$$\text{STP (g/100 ml)} = \frac{\text{Optical density of test}}{\text{Optical density of standard}} \times \frac{\text{Concentration of standard}}{1}$$

(Kaneko, 1989)

Albumina e globulina séricas

O método da púrpura de bromocresol foi utilizado para determinar a albumina sérica. A púrpura de bromocresol é um complexo estável com abundância máxima a 600 nm. A intensidade da cor produzida é diretamente proporcional à concentração de albumina da amostra. Foram adicionados cerca de 4 ml de bromocresol a 0,02 ml de cada uma das amostras de soro. A solução de púrpura de bromocresol (4 ml) foi utilizada como branco. O conteúdo de cada tubo foi misturado e deixado à temperatura ambiente durante 10 minutos a um pH de 4,2 + 0,5. Após 10 minutos, a solução de ensaio foi lida a um comprimento de onda de 640 nm num espetrofotómetro regulado para zero com a solução em branco. O valor da amostra foi calculado através da fórmula:

$$\text{Serum albumin (g/100 ml)} = \frac{\text{Optical density of test}}{\text{Optical density of standard}} \times \frac{\text{Concentration of standard}}{1}$$

Serum globulin = Total Serum Protein (TSP) - Albumin (AB)

Concentração média de hemoglobina corpuscular (MCHC)

A concentração de hemoglobina corpuscular média, ou (CHCM), é uma medida da concentração de hemoglobina num determinado volume de glóbulos vermelhos. Foi calculada dividindo a hemoglobina pelo volume de glóbulos vermelhos (PCV), como mostra a fórmula abaixo: MCHC = Hb / PCV (gramas/litro).

Hemoglobina corpuscular média (HCM)

A hemoglobina corpuscular média, ou "hemoglobina celular média" (HCM)< é a massa média de hemoglobina por glóbulo vermelho numa amostra de sangue. Foi registada como parte de um hemograma completo normal. É calculada dividindo a massa total de hemoglobina pelo número de glóbulos vermelhos num volume de sangue (Van, *et al.*, 2001). Foi calculada utilizando a fórmula: MCH = Hb / RBC (gramas/célula).

Volume Corpuscular Médio (VCM)

O volume corpuscular médio, ou "volume celular médio" (VCM), é uma medida do volume médio de glóbulos vermelhos que é indicada como parte de um hemograma completo normal. Foi calculado utilizando a fórmula: VCM = PCV / RBC (litro/célula).

Determinação das caraterísticas da carcaça

No final da 16th semana da experiência, trinta e dois (32) perus foram utilizados para a determinação do rendimento da carcaça. Foram selecionados e utilizados dois (2) perus com um peso médio de cada réplica, seguindo um método de dissecação padrão descrito por Jensen (1983). O peso vivo do peru selecionado, o peso sangrado, o peso depenado, os órgãos, a parte cortada e as miudezas foram registados e utilizados para a determinação do rendimento da carcaça.

Rácio custo-benefício

A análise dos custos de cada raça de perus foi estimada com base nos preços de mercado em vigor na altura do estudo. O custo de criação e o custo da ração foram registados, e o consumo de ração de cada peru durante a experiência foi utilizado para multiplicar o custo por kg de ração, a fim de obter o custo da ração consumida por cada peru. O custo de produção por kg de peso vivo ganho foi calculado como uma estimativa do custo dos perus de um dia, do custo de criação, dos medicamentos, das vacinas e das rações.

Análise estatística

Os dados recolhidos foram submetidos a um delineamento completamente aleatório. As diferenças significativas ($p<0,05$) entre as médias foram separadas utilizando o teste de Duncan de intervalo múltiplo, contido no pacote SAS (1999). Os dados recolhidos sobre a relação custo-benefício foram submetidos ao teste t de Student com um nível de significância de 5%, enquanto as alterações no peso das raças de perus nos diferentes sistemas de alojamento foram expressas de forma descritiva através de gráficos de linhas.

$$Y_{ijk} = \mu + A_i + B_j + (AB)_{ij} + \varepsilon_{ijk}$$

onde:

Y_{ijk} = valor observado de uma variável dependente

μ = Média da população

A_i = Efeito do i-ésimo grupo de sistemas de habitação (i=1,2)

B_j = Efeito da j-ésima raça (j = 1,2)

$(AB)_{ij}$ = Efeito da interação entre os sistemas de estabulação e as raças

E_{ijk} = Erro aleatório associado a cada observação.

RESULTADOS

Desempenho de crescimento de perus de raças exóticas e adaptadas localmente em cama funda e gaiola de madeira na fase de arranque

Os principais efeitos da raça e do sistema de alojamento no desempenho de crescimento dos perus na fase inicial (3-8 semanas) são apresentados no Quadro 3. As raças foram significativamente diferentes (p<0,05) em todos os parâmetros considerados, incluindo o peso inicial e a temperatura corporal, que foram mais elevados no peru exótico a partir do dia de idade. Embora o peru exótico tenha tido um melhor (p<0,05) rácio de conversão alimentar do que o peru adaptado localmente, registou mais mortalidade (20,33%) do que o peru adaptado localmente (11,88%). No sistema de alojamento, obtiveram-se pesos finais (g/b) e ganhos de peso (g/b/d) significativamente superiores (p<0,05) nos perus criados em gaiolas de madeira.

Na interação entre a raça e o sistema de alojamento no desempenho de crescimento dos perus na fase inicial (Quadro 4), observaram-se valores significativamente mais elevados (p<0,05) de peso final (g/b), ganho de peso (g/b/d) e consumo de ração (g/b/d), incluindo a mortalidade (%), nos perus exóticos em gaiolas de madeira. Os perus adaptados localmente em cama funda registaram os valores mais baixos de peso final (g/b), ganho de peso (g/b/d) e consumo de ração (g/b/d). A mortalidade mais baixa (p<0,05), de 9,10 %, foi registada nos perus adaptados localmente em gaiolas de madeira.

Quadro 3: Efeitos principais da raça e do sistema de alojamento no desempenho de crescimento do peru no fase de arranque (3-8 semanas)

Parameter	Breed		Housing System	
	Locally-adapted	Exotic	Deep litter	Wooden cage
Initial Weight (g/b)	208.60 ± 2.39^{b}	289.05 ± 14.92^{a}	255.12 ± 0.89	242.53 ± 19.47
Final Weight (g/b)	1394.07 ± 62.00^{b}	2482.91 ± 61.11^{a}	1850.28 ± 244.4^{b}	2026.69 ± 251.49^{a}
Weight gain (g/b/d)	21.16 ± 1.07^{b}	39.17 ± 1.15^{a}	28.48 ± 3.99^{b}	31.86 ± 4.21^{a}
Feed intake (g/b/d)	70.44 ± 2.25^{b}	94.17 ± 5.08^{a}	78.67 ± 4.69	85.93 ± 7.73
Feed conversion ratio	3.35 ± 0.15^{a}	2.40 ± 0.10^{b}	2.95 ± 0.30	2.80 ± 0.18
Mortality (%)	11.88 ± 5.54^{b}	20.33 ± 9.11^{a}	13.39 ± 5.08	18.81 ± 9.6
Body temperature (^{0}C)	37.50 ± 00^{b}	41.50 ± 0.00^{a}	39.50 ± 0.00	39.50 ± 0.89

^{a,b} As médias na mesma linha com diferentes sobrescritos diferem significativamente (P<0,05)

Quadro 4: Efeitos da interação entre a raça e o sistema de alojamento no desempenho do crescimento de peru (3-8 semanas)

Parameter	Exotic		Locally-adapted	
	Deep litter	Wooden Cage	Deep litter	Wooden Cage
Initial Weight (g/b)	303.15 ± 9.78^{a}	274.96 ± 28.62^{a}	207.10 ± 1.05^{b}	210.10 ± 5.02^{b}
Final Weight (g/b)	2389.44 ± 78.18^{a}	2576.37 ± 61.90^{a}	1311.11 ± 45.74^{b}	1477.02 ± 101.37^{b}
Weight gain (g/b/d)	37.25 ± 1.50^{a}	42.01 ± 0.83^{a}	19.71 ± 0.79^{b}	22.62 ± 1.72^{b}
Feed intake (g/b/d)	86.71 ± 5.25^{ab}	101.62 ± 6.78^{a}	70.64 ± 4.20^{b}	70.24 ± 2.72^{b}
Feed conversion ratio	2.32 ± 0.07^{b}	2.48 ± 0.21^{b}	3.58 ± 0.22^{a}	3.12 ± 0.13^{a}
Mortality (%)	12.13 ± 8.02^{b}	28.53 ± 16.84^{a}	14.66 ± 7.94^{b}	9.10 ± 9.10^{c}
Body temperature (^{0}C)	41.50 ± 0.00^{a}	41.50 ± 0.00^{a}	37.50 ± 0.00^{b}	37.50 ± 0.00^{b}

^{a,b,c} As médias na mesma linha com diferentes sobrescritos diferem significativamente (P<0,05)

Desempenho de crescimento de perus de raças exóticas e adaptadas localmente em cama funda e gaiola de madeira na fase de crescimento (9-16 semanas)

Na Tabela 5, são apresentados os principais efeitos da raça e do sistema de alojamento sobre o desempenho de crescimento dos perus na fase de crescimento. A raça exótica teve significativamente (p<0,05) maior peso inicial (g/b), peso final (g/b), ganho de peso (g/b/d) e consumo de ração (g/b/d). Por outro lado, registou-se um peso inicial significativamente (p<0,05) mais elevado (2026,69 g/b) nos perus criados em gaiolas de madeira. Na interação entre a raça e o sistema de alojamento no desempenho de crescimento dos perus na fase de crescimento (Quadro 6), foram obtidas diferenças significativas no peso inicial, peso final, ganho de peso, consumo de ração e temperatura corporal (°C). O ganho de peso mais elevado (p<0,05), de 61,45g/b, foi obtido na raça exótica criada em cama funda, enquanto o valor mais baixo, de 32,11g/b/d, foi obtido no peru adaptado localmente criado em gaiola de madeira.

A figura 1 mostra que os perus exóticos não registaram diferenças acentuadas nas alterações de peso nos sistemas de alojamento de cama funda e gaiola de madeira durante o período da experiência. Esta mesma tendência é observada na Figura 2 para os perus adaptados localmente nos sistemas de alojamento na 16ª semanath . No entanto, entre as 6th e as 14th semanas, os perus adaptados localmente criados em gaiolas de madeira registaram alterações de peso relativamente mais elevadas do que os criados em camas fundas. Na figura 3, pode observar-se uma diferença acentuada nas variações de peso entre os perus adaptados às condições locais e os perus exóticos criados num sistema de criação em camas fundas, e esta mesma tendência é registada nas duas raças de perus criados em gaiolas de madeira, como mostra a figura 4.

Quadro 5: Efeito principal da raça e do sistema de alojamento no desempenho do peru em termos de crescimento
fase de crescimento (9-16 semanas)

	Breed		Housing System	
Parameter	Locally-adapted	Exotic	Deep litter	Wooden cage
Initial Weight (g/b)	1394.07±62.00^b	2482.91±61.11^a	1850.28±244.49^b	2026.69±251.49^a
Final Weight (g/b)	3541.00±68.28^b	6305±291.65^a	4922.17±656.79	4925.00±649.78
Weight gain (g/b/d)	34.08±1.72^b	60.67±4.14^a	48.76±6.89	46.00±6.50
Feed intake (g/b/d)	138.55±4.31^b	238.57±14.27^a	181.71±24.35	195.40±24.70
Feed conversion ratio	4.14±0.32	3.94±0.10	3.76±0.20	4.32±0.22
Mortality (%)	0.00±0.00	0.00±0.00	0.00±0.00	0.00±0.00
Body temperature (^{0}C)	40.00±00	43.00±0.00	41.50±0.00	41.50±0.07

^{a,b} As médias na mesma linha com diferentes sobrescritos diferem significativamente (P<0,05)

Quadro 6: Efeitos da interação entre raça e sistema de alojamento no desempenho de crescimento (9-16 semanas)

	Exotic		Locally-adapted	
Parameter	Deep litter	Wooden cage	Deep litter	Wooden cage
Initial Weight (g/b)	2389.44±78.18^a	2576.37±61.90^a	1311.11±45.74^b	1477.02±101..37^b
Final Weight (g/b)	6261.00±589.49^a	6350.00±275.38^a	3583.33±130.17^b	3500.00±68.06^b
Weight gain (g/b/d)	61.45±8.33^a	59.90±3.97^a	36.06±2.66^b	32.11±1.97^b
Feed intake (g/b/d)	230.01±24.60^a	247.12±18.43^a	133.42±5.28^b	143.69±6.22^b
Feed conversion ratio	3.77±0.13	4.12±0.07	3.76±0.0.44	4.52±0.44
Mortality (%)	0.00±0.00	0.00±0.00	0.00±0.00	0.00±0.00
Body temperature (^{0}C)	43.00±0.00	43.00±0.00	40.00±0.00	40.00±0.00

^{a,b} As médias na mesma linha com diferentes sobrescritos diferem significativamente (P<0,05)

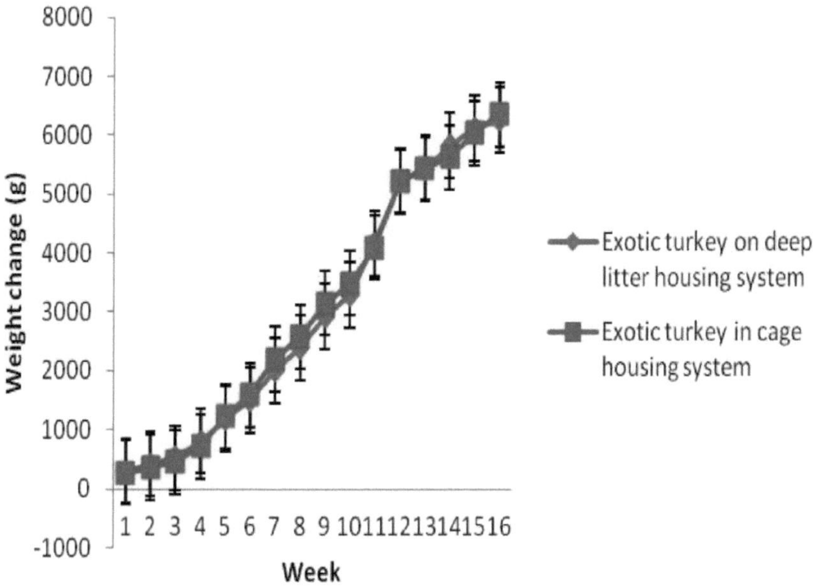

Figura 1: Efeitos do sistema de alojamento na variação de peso semanal do peru exótico

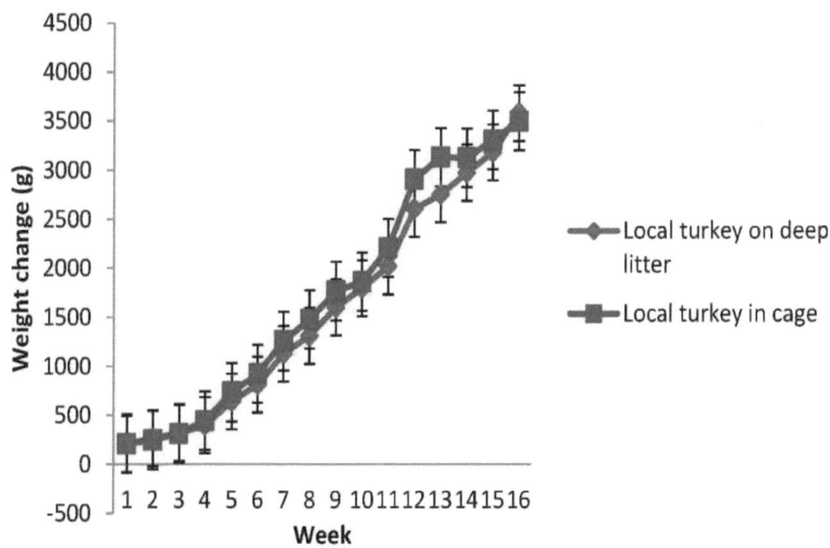

Figura 2: Efeitos dos sistemas de alojamento na variação de peso semanal de perus de raça adaptada localmente.

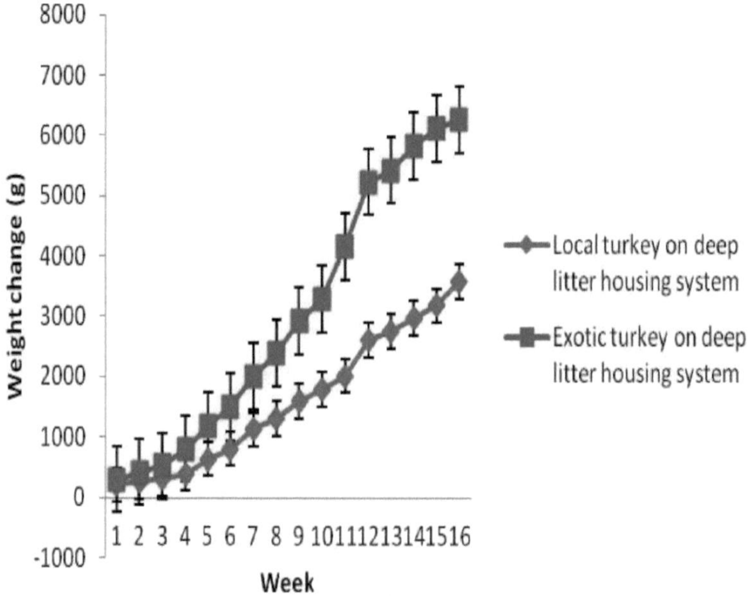

Figura 3: Efeitos do sistema de alojamento em camas fundas na variação de peso semanal dos perus locais e exóticos.

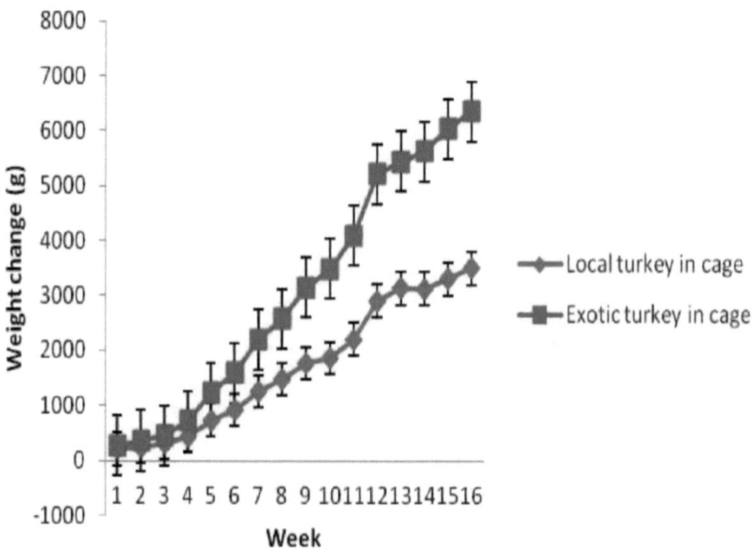

Figura 4: Efeitos do sistema de alojamento em gaiolas na variação de peso semanal dos perus locais e exóticos

Parâmetros sanguíneos de perus de raças exóticas e adaptadas localmente em cama funda e gaiola de madeira na fase de arranque

Os principais efeitos da raça e do sistema de alojamento sobre os parâmetros sanguíneos dos perus na fase inicial são apresentados na Tabela 7. Na raça, observou-se um maior ($p<0,05$) número de linfócitos (59,00%) na raça exótica de peru. Entretanto, não foram obtidos efeitos significativos ($p>0,05$) no PCV, Hb, RBC, MCH, MCHC, MCV, Neutrófilos, Eosinófilos, Monócitos, Basófilos, Proteína total, albumina, globulina, glicose e colesterol. No sistema de alojamento, não foram obtidas diferenças significativas ($p>0,05$) em todos os parâmetros considerados nos índices hematológicos e bioquímicos.

Na Tabela 8, são apresentados os efeitos da interação entre raça e sistema de alojamento nos parâmetros sanguíneos de perus adaptados localmente e exóticos na fase inicial. Foram obtidas diferenças significativas ($p<0,05$) nos monócitos (%), proteínas totais (g/dl) e colesterol (mg/dl). Os perus adaptados localmente apresentaram os valores mais elevados ($p<0,05$) de monócitos e proteínas totais na cama profunda e na gaiola de madeira, respetivamente. O nível de colesterol é mais elevado (109,50 mg/dl) nos perus exóticos em sistema de criação em cama funda.

Quadro 7: Efeitos principais da raça e do sistema de alojamento nos parâmetros sanguíneos dos perus na fase de arranque (3-8 semanas)

	Breed		Housing System	
Parameter	Locally-adapted	Exotic	Deep litter	Wooden cage
Haematology				
PCV (%)	38.50±1.19	39.75±1.50	39.00±0.91	39.25±1.18
Hb (g/dl)	10.85±0.64	11.40±0.21	11.10±0.25	11.15±1.18
RBC ($x10^{12/l}$)	2.23±0.07	2.29±0.06	2.23±0.06	2.29±0.07
MCH (g/dl)	48.73±0.84	49.77±0.57	49.81±0.65	48.68±0.23
MCHC (g/dl)	28.18±0.18	28.68±0.05	28.46±0.23	28.40±0.14
MCV (v/l)	17.28±0.67	17.35±0.19	17.49±0.14	17.14±0.03
WBC(x 10^9/l)	9.45±0.43	10.10±0.32	10.15±0.27	9.40±0.44
Neutrophils (%)	44.5±1.84	38.75±1.10	40.00±1.47	43.25.±2.49
Lymphocytes (%)	53.00±2.04[b]	59.00±1.08[a]	58.00±1.47	54.00±2.54
Eosinophils (%)	2.00±0.40	2.25±0.25	2.00±0.40	2.25±0.25
Monocytes (%)	0.05±0.28	0.00±0.00	0.00±0.00	0.50±0.28
Basophils (%)	0.00±0.00	0.00±0.00	0.00±0.00	0.00±0.00
Bioquímica do soro				
Total Protein (g/dl)	5.15±0.29	4.82±0.04	4.99±0.20	4.97±0.19
Albumin (g/dl)	2.75±1.15	2.32±0.80	2.52±0.20	2.55±0.13
Globulin (g/dl)	2.40±0.27	2.50±0.14	2.47±0.19	2.42±0.24
Glucose (mg/dl)	139.50±7.73	138.75±5.40	132.50±2.90	145.25±7.31
Cholesterol (mg/dl)	95.25±4.38	95.75±8.60	91.75±6.30	99.25±6.65

[a,b] As médias na mesma linha com diferentes sobrescritos diferem significativamente ($P<0,05$)

PCV - Packed cell Volume
Hb - Haemoglobin
WBC - White Blood Cell
MCV - Mean Corpuscular Volume
MCHC - Mean Cell Haemoglobin Concentration

Quadro 8: Efeitos da interação entre a raça e os sistemas de alojamento nos parâmetros sanguíneos dos perus na fase de arranque (3-8 semanas).

	Locally-adapted		Exotic	
Parameter	Deep litter	Wooden cage	Deep litter	Wooden cage
Haematology				
PCV (%)	38.50±2.50	38.50±1.50	40.00±1.00	39.50±1.50
Hb (g/dl)	10.85±0.75	10.85±0.25	11.45±0.25	11.35±0.45
RBC ($x10^{12}$/l)	2.24±0.15	2.21±0.09	2.34±0.06	2.25±0.13
MCH (g/dl)	48.33±0.00	49.13±0.87	49.40±0.29	50.50±0.92
MCHC (g/dl)	28.10±0.15	28.20±0.45	28.63±0.09	28.73±0.92
MCV (v/l)	17.15±0.07	17.42±0.03	17.13±0.05	17.57±0.05
WBC ($x10^{9}$/l)	8.85±0.05	10.05±0.65	9.95±0.75	10.25±0.15
Neutrophil (%)	46.50±3.50	42.50±0.50	40.00±2.00	37.50±0.50
Lymphocytes (%)	50.50±3.50	55.50±0.60	57.50±1.50	60.50±0.50
Eosinophils (%)	2.00±0.00	2.00±1.00	2.50±0.50	2.00±0.00
Monocytes (%)	1.00±0.00^{a}	0.00±0.00^{b}	0.00±0.00^{b}	0.00±0.00^{b}
Basophiles (%)	0.00±0.00	0.00±0.00	0.00±0.00	0.00±0.00
Bioquímica do soro				
Total Protein (g/dl)	4.90±0.10^{b}	5.40±0.00^{a}	5.05±0.05^{b}	5.10±0.10^{b}
Albumin (g/dl)	2.75±0.15	2.75±0.35	2.35±0.05	2.80±0.20
Globulin (g/dl)	2.15±0.45	2.65±0.35	2.70±0.10	2.30±0.20
Glucose (mg/dl)	124.74±3.50	134.50±7.50	147.00±3.00	130.50±5.50
Cholesterol (mg/dl)	89.07±5.00^{b}	101.50±3.50^{ab}	109.50±5.50^{a}	82.00±6.00^{b}

^{a,b,c} As médias na mesma linha com diferentes sobrescritos diferem significativamente (P<0,05)

PCV - Packed cell Volume
HB - Haemoglobin
WBC - White Blood Cell
MCV - Mean Corpuscular Volume
MCHC - Mean Cell Haemoglobin Concentration

Parâmetros sanguíneos de perus de raças exóticas e adaptadas localmente em cama funda e gaiola de madeira na fase de crescimento

Os principais efeitos da raça e dos sistemas de alojamento nos parâmetros sanguíneos dos perus na fase de crescimento são apresentados no Quadro 9. Na raça, foram obtidos efeitos significativos mais elevados (p<0,05) na proteína total (5,57g/dl) e na albumina (3,12g/dl) do peru de raça exótica do que do peru adaptado localmente. Os outros parâmetros considerados não foram significativamente diferentes (p>0,05) mesmo no sistema de alojamento.

Nos efeitos da interação entre raça e sistema de alojamento nos parâmetros sanguíneos dos perus na fase de crescimento (Quadro 10), não se verificaram diferenças significativas (p>0,05) em todos os parâmetros considerados.

Quadro 9: Efeitos principais da raça e dos sistemas de alojamento nos parâmetros sanguíneos dos perus na fase de crescimento (9-16 semanas)

	Breeds		Housing System	
Parameter	Locally-adapted	Exotic	Deep litter	Wooden cage
Haematology				
PCV (%)	24.75±2.92	33.00±2.58	26.25±2.28	31.50±4.09
Hb (g/dl)	8.50±0.97	11.07±0.76	8.95±0.66	10.62±1.32
RBC ($x10^{12}/l$)	1.75±0.22	2.20±0.24	1.75±0.11	2.20±0.31
MCH (g/dl)	48.85±1.19	51.17±2.56	51.22±2.54	48.80±1.19
MCHC (g/dl)	34.65±0.47	33.62±0.32	34.50±0.52	33.77±0.19
MCV (v/l)	142.05±4.33	152.05±6.40	149.77±7.76	144.32±0.36
WBC ($x10^{9}/l$)	10.72±0.25	14.35±1.79	12.77±2.05	12.30±1.09
Lymphocytes (%)	62.25±2.65	63.25±1.70	64.00±1.85	61.50±2.36
Eosinophils (%)	0.50±0.28	0.25±0.25	0.50±0.28	0.25±0.25
Monocytes (%)	1.00±0.40	0.75±0.47	1.25±0.47	0.50±0.28
Basophiles (%)	0.50±0.28	0.25±0.25	0.50±0.28	0.25±0.25
Bioquímica do soro				
Total Protein (g/dl)	$4.80±0.16^{b}$	$5.57±0.32^{a}$	5.02±0.23	5.35±0.37
Albumin (g/dl)	$2.57±0.18^{b}$	$3.17±0.16^{a}$	2.65±0.18	5.52±0.20
Globulin (g/dl)	2.40±0.27	2.40±0.14	2.47±0.19	2.42±0.24
Glucose (mg/dl)	130.75±4.88	133.50±2.84	134.00±4.02	130.25±3.83
Cholesterol (mg/dl)	94.00±4.14	104.25±3.81	99.75±1.25	98.50±6.88

[a,b] As médias na mesma linha com diferentes sobrescritos diferem significativamente (P<0,05)

PCV - Packed cell Volume
Hb - Haemoglobin
WBC - White Blood Cell
MCV - Mean Corpuscular Volume
MCHC - Mean Cell Haemoglobin Concentration

Quadro 10: Efeitos da interação entre a raça e o sistema de alojamento nos parâmetros sanguíneos dos perus na fase de crescimento (9-16 semanas)

Parameter	Locally-adapted		Exotic	
	Deep litter	Wooden cage	Deep litter	Wooden cage
Haematology				
PCV (%)	23.50±3.50	26.00±6.0	29.00±2.00	37.00±2.00
Hb (g/dl)	8.05±0.85	8.95±2.15	9.85±0.55	12.30±0.50
RBC ($x10^{12}$/l)	1.70±020	1.80±0.50	1.80±0.20	2.60±0.10
MCH (g/dl)	47.40±0.60	50.30±2.00	55.05±3.05	47.30±0.10
MCHC (g/dl)	35.00±1.00	34.30±0.30	34.00±0.40	33.25±0.45
MCV (v/l)	137.65±4.45	146.45±7.35	161.90±6.90	142.20±2.20
WBC ($x10^{9}$/l)	10.70±0.60	10.75±0.15	14.85±4.05	13.85±1.55
Lymphocytes (%)	66.50±2.50	58.00±0.50	61.50±1.50	65.00±3.00
Eosinophils (%)	1.00±0.00	0.00±0.00	0.00±0.00	0.00±0.00
Monocytes (%)	1.00±1.00	1.00±0.00	1.50±0.50	1.00±0.00
Basophiles (%)	0.50±0.50	0.50±0.50	0.50±0.50	0.00±0.00
Bioquímica do soro				
Total Protein (g/dl)	4.75±0.15	4.95±0.35	5.40±0.20	5.75±0.35
Albumin (g/dl)	2.35±0.15	2.80±0.30	2.95±0.05	3.30±0.30
Globulin (g/dl)	2.40±0.20	2.15±0.12	2.45±0.30	2.45±0.15
Glucose (mg/dl)	134.50±9.50	127.00±5.00	133.50±2.50	133.50±6.50
Cholesterol (mg/dl)	99.50±0.50	88.50±6.50	100.00±3.00	108.50±6.50

[a,b] As médias na mesma linha com diferentes sobrescritos diferem significativamente (P<0,05)

PCV - Packed cell Volume

HB - Haemoglobin

WBC - White Blood Cell

MCV - Mean Corpuscular Volume

MCHC - Mean Cell Haemoglobin Concentration.

Rendimento de carcaça de perus de raças exóticas e adaptadas localmente em cama profunda e gaiola de madeira

A Tabela 11 mostra o efeito principal da raça e do sistema de alojamento no rendimento de carcaça do peru. Na raça, foram observados efeitos significativos mais elevados (p<0,05) no peso vivo (5.916,67g) e no peso depenado (5216,67g) na raça exótica do que nos perus adaptados localmente, mas a percentagem de preparação não foi significativamente diferente (p>0,05). Nas partes cortadas, foram obtidas diferenças significativas mais elevadas (p<0,05) na carne do peito (17,90%) e no pernil (3,40%) nos perus de raça exótica do que nos perus de raça local. No entanto, foi obtido um valor significativo mais elevado (p<0,05) na cabeça (2,78%) do peru de raça local do que na raça exótica (1,72%). Também nos órgãos, foi obtido um valor significativo mais elevado (p<0,05) no proventrículo (0,23%) do peru de raça exótica do que no peru de raça local. O sistema de alojamento não influenciou significativamente (P>0,05) todos os parâmetros considerados.

Na interação entre a raça e os sistemas de alojamento no rendimento de carcaça dos perus (Tabela 12), obtiveram-se diferenças significativas (p<0,05) no peso vivo, peso depenado, cabeça, pescoço, coxas, pernas, proventrículo e intestino delgado entre os tratamentos. O peru exótico em gaiola de madeira apresentou os valores mais elevados (p<0,05) de peso vivo, peso depenado, coxas e sobrecoxas. A percentagem de molho, asas, dorso, peito, fígado, coração, moela, rim, pulmões, baço, ceco e intestino grosso não foram significativamente diferentes (p>0,05) entre os tratamentos.

Quadro 11: Efeitos principais da raça e dos sistemas de alojamento nas caraterísticas da carcaça do peru

	Breeds		Housing Systems	
Parameter	Locally-adapted	Exotic	Deep litter	Cage
Live weight (g/b)	3600±0.00^{b}	5916.67±0.00^{a}	4750.00±560.80	4766.67±603.13
Plucked weight (g/b)	3200±106.45^{b}	5216.67±435.44^{a}	4150.00±515.59	4266.67±583.47
Dressing percentage (%)	82.37±1.80	80.68±2.56	80.69±2.48	82.36±1.90
Cut-up parts[1]				
Head	2.78±0.05^{a}	1.72±0.10^{b}	2.23±0.22	2.27±0.27
Neck	9.27±0.62	10.14±0.63	9.11±0.55	10.30±0.46
Wings	9.09±0.51	10.17±0.37	9.41±0.53	9.85±0.46
Drumsticks	9.15±0.15	11.22±0.50	9.61±0.52	10.76±0.69
Thighs	8.43±0.41	9.44±0.63	8.37±0.30	9.50±0.55
Breast	13.91±0.73^{b}	17.90±1.52^{a}	15.00±1.63	16.81±1.20
Shanks	2.78±0.05^{b}	3.40±0.21^{a}	4.69±0.30	5.32±0.36
Organs[2]				
Liver	1.16±0.10	1.03±0.85	1.17±0.11	1.02±0.69
Heart	0.35±0.02	0.32±0.02	0.30±0.01	0.37±0.01
Gizzard	2.29±0.19	1.92±0.10	2.16±0.19	2.05±0.01
Kidney	0.36±0.01	0.33±0.02	0.34±0.02	0.35±0.01
Lungs	0.50±0.06	0.44±0.05	0.55±0.05	0.42±0.04
Spleen	0.16±0.03	0.11±0.03	0.13±0.04	0.13±0.03
Caecum	0.17±0.02	0.17±0.03	0.15±0.02	0.19±0.03
Proventriculus	0.03±0.01^{b}	0.23±0.02^{a}	0.27±0.01	0.26±0.02
Small intestine	1.98±0.09	1.72±0.11	1.97±0.11	1.73±0.10
Large intestine	0.71±0.03	0.50±0.03	0.66±0.03	0.64±0.04

^{a,b} As médias na mesma linha com diferentes sobrescritos diferem significativamente (P<0,05)

[1>2]: Percentagem do peso vivo

Quadro 12: Efeito da interação entre a raça e os sistemas de alojamento nas caraterísticas de carcaça dos perus

Parameter	Exotic		Locally-adapted	
	Deep litter	Cage	Deep litter	Cage
Live weight (g/b)	5766.67±731.05^{a}	6066.67±352.76^{a}	3733.33±66.66^{b}	3466.67±64.66^{b}
Plucked weight (g/b)	4900.00±873.68^{ab}	5533.33±290.59^{a}	3400.99±57.73^{bc}	300.88±55.47^{c}
Dressing percentage	77.47±4.52	83.90±1.40	83.91±0.29	80.82±03.72
Cut-up parts[1]				
Head	1.78±0.20^{b}	1.65±0.10^{b}	2.68±0.04^{a}	2.88±0.05^{a}
Neck	4.03±0.13^{b}	4.86±0.68^{ab}	5.36±0.04^{a}	5.77±0.05^{a}
Wings	9.85±0.29	10.49±0.70	8.96±1.07	9.21±0.39
Back	10'96±0.70	9.31±0.90	9.64±1,07	8.91±0.81
Drumstick	10.23±0.48^{ab}	12.12±0.48^{a}	8.91±0.81^{b}	9.40±0.57^{b}
Thigh	8.53±0.63^{ab}	10.35±0.89^{a}	8.21±0.16^{b}	8.66±0.16^{ab}
Breast	16.60±2.90	19.20±1.20	13.40±1.53	14.43±0.27
Shanks	3.57±0.41^{a}	3.31±0.20^{ab}	2.68±0.04^{b}	2.88±0.05^{ab}
Organs[2]				
Liver	1.09±0.16	0.97±0.07	1.24±0.18	1.07±0.12
Heart	0.29±0.03	0.36±0.01	0.32±0.02	0.38±0.03
Gizzard	1.97±0.14	1.88±0.18	2.36±0.36	2.21±0.20
Kidney	0.33±0.04	0.34±0.01	0.36±0.03	0.37±0.01
Lungs	0.46±0.08	0.43±0.07	0.63±0.02	0.41±0.08
Spleen	0.13±0.07	0.09±0.03	0.14±0.04	0.17±0.04
Caecum	0.15±0.04	0.18±0.06	0.14±0.02	0.20±0.04
Proventriculus	0.24±0.03^{ab}	0.21±0.03^{b}	0.29±0.01^{ab}	0.31±0.02^{a}
Small intestine	1.80±0.20^{ab}	1.63±0.14^{b}	2.14±0.03^{a}	1.83±0.14^{ab}
Large intestine	0.60±0.03	0.58±0.06	0.71±0.04	0.70±0.06

^{a,b} As médias na mesma linha com diferentes sobrescritos diferem significativamente (P<0,05)

[1],[2] : Percentagem do peso vivo.

Relação custo-benefício da criação de perus de raças exóticas e adaptadas às condições locais

No Quadro 13, é apresentada a relação custo-benefício da criação de perus adaptados localmente e exóticos.

O consumo total de ração/ave (g), o custo da ração consumida (N), o custo inicial, o custo total/ave (N), o peso final médio/ave (kg) e o rendimento/ave (N) foram significativamente mais elevados ($p<0,05$) no caso dos perus exóticos. Além disso, obteve-se um rácio custo-benefício (3,91) mais elevado mas mais fraco ($p<0,05$) no peru exótico.

Quadro 13: Relação custo-benefício da criação de perus de raças adaptadas localmente e de raças exóticas

Cost parameter	**Locally-adapted**	**Exotic**
Total feed intake/bird (kg)	11.32±0.53^{b}	21.47±0.02^{a}
Cost price/kg feed (₦)	98.03±0.00	98.03±0.00
Cost of feed consumed/bird(₦)	1109.69±30.06^{b}	2104.70±1.98^{a}
*Initial cost (₦)	950.81±0.00^{b}	1700.81±0.00^{a}
Total cost/bird (₦)	2060.50^{b}	3805.51^{a}
Average final weight/bird (kg)	3.58±0.13^{b}	6.37±0.28^{a}
Income/bird (₦)	2687.50±97.63^{b}	4778.50±213.76^{a}
Benefit (₦)	626.70±104.51	972.30±215.40
Cost: Benefits	3.29±0.72^{b}	3.91±1.28^{a}

*Custo inicial = custo dos pintos do dia + custo da criação + custo dos medicamentos/vacinação
N = moeda nigeriana

DISCUSSÃO

A partir dos resultados deste estudo, a diferença no ganho de peso mais elevado observado na raça exótica do que na raça localmente adaptada é certamente específica da raça e no crescimento associado ao aumento da ingestão de alimentos, o que está de acordo com as conclusões de Khan *et al* (2006) de que as aves que comiam mais cresciam mais rapidamente e tendiam a ter uma melhor conversão. Isto também pode ser corroborado pelos relatórios de Saowakon *et al.* (2011), segundo os quais as aves adaptadas localmente têm uma taxa de crescimento lenta quando comparadas com a estirpe de carne exótica, atingindo assim um peso corporal comercializável numa idade muito mais tardia. O peso corporal final registado para a raça adaptada localmente está em conformidade com as conclusões de Karki (2005), que referiu que, às 16th semanas de idade, o peru adaptado localmente terá o peso corporal mais elevado, após o que se deteriora progressivamente. Além disso, o desempenho em termos de crescimento exibido pela raça exótica de peru neste estudo resultou da maturidade precoce e da elevada produtividade, tal como demonstrado no relatório de Peters *et al.* (2002). Por conseguinte, em vez de esperar pelo peso corporal mais elevado, é preferível vender o peru com 12 a 20 semanas de idade para tirar o máximo partido do aumento de peso, da eficiência da utilização dos alimentos e do lucro mais elevado (Karki, 2005). Neste estudo, o peso corporal do peru exótico foi significativamente mais elevado do que o da raça adaptada localmente. Isto é apoiado pelo facto de as aves de capoeira adaptadas localmente terem sido submetidas a uma seleção natural para sobreviverem ao clima tropical, mais do que a uma seleção artificial para obterem produtividade (Ibe, 1998). A taxa de mortalidade foi mais elevada nos perus exóticos criados em gaiolas de madeira, o que contrasta com as conclusões de Garber *et al.* (2003), segundo as quais as aves criadas em sistemas de chão com cama funda apresentavam um maior risco de infecções do que as criadas em gaiolas. No entanto, Methner *et al.* (2006) e Namata *et al.* (2008) registaram um maior risco de contaminação no sistema de gaiolas. Isto contrasta com as conclusões de Weitzinburger *et al.* (2005), que referiram que a mortalidade das aves de capoeira depende de muitos outros factores para além dos sistemas de alojamento. Os efeitos não significativos no desempenho de crescimento das raças nos dois sistemas de alojamento, tal como demonstrado nos efeitos interactivos, estão em conformidade com os relatórios de Fanatico *et al.*

(2005) que não revelou diferenças no peso final das aves de interior. O crescimento da raça exótica de peru foi influenciado principalmente pelo efeito da raça e não pelos sistemas de alojamento. Os perus de raças exóticas e adaptadas localmente criados em sistemas de alojamento em gaiolas de madeira tiveram um melhor desempenho do que os criados em camas fundas. Este estudo sugere que o efeito da escolha dos sistemas de alojamento no consumo de ração é importante, uma vez que foi consumida mais ração em gaiolas de madeira do que em camas fundas para a raça exótica, enquanto o consumo foi elevado em camas fundas para a raça localmente adaptada. A temperatura corporal das aves neste estudo situou-se entre 41 e 42° C e situou-se dentro da gama de desempenho ótimo das aves, embora tenham sido registados valores mais baixos nas fases de arranque e de crescimento do peru adaptado localmente, mas que não afectaram o desempenho. A diferença na temperatura dos perus de ambas as raças pode ter sido devida à adaptação, mas também pode ter resultado do stress térmico (temperatura interna/externa elevada).

Os parâmetros sanguíneos demonstraram ser os principais índices do estado fisiológico, patológico e nutricional dos organismos e as alterações nos compostos constituintes do sangue, quando comparadas com valores normais, podem ser utilizadas para interpretar o estado metabólico de um animal (Babatunde *et al.*, 1992). Verificaram-se efeitos da raça em alguns parâmetros, semelhantes aos relatórios de Kiferndorf e Keller (1990) e de Gupta *et al.* (2002), segundo os quais a raça e a idade tinham sido implicadas como factores que afectam os parâmetros hematológicos de uma dada espécie. Os valores do volume de leucócitos e da hemoglobina foram mais elevados nas raças exóticas do que nas raças adaptadas localmente. Os valores do volume de glóbulos brancos obtidos no presente estudo são semelhantes ao valor médio de 35,90% registado para perus na Nigéria por Oyewole e Ajibade (1990). Os valores de hemoglobina obtidos foram semelhantes aos 10,27 g/dl obtidos para perus saudáveis por Oluyemi *et al.* (2002). A avaliação dos níveis de proteína sérica total não revelou quaisquer diferenças entre as fases de arranque e de crescimento. Os valores de proteína sérica total obtidos neste estudo foram inferiores aos valores relatados por Oso (2007), que variaram de 69,17 a 71,83 g/dl e de 49,96 a 50,46 g/dl em perus de 13 e 16 semanas alimentados com dietas à base de trigo integral, respetivamente.

Foram registados valores mais elevados de 66,50% e 134,50 mg/dl para os linfócitos e a glucose, respetivamente, nos perus adaptados localmente em sistemas de habitação com cama funda, enquanto o nível mais baixo de colesterol registado na fase de crescimento se deve às elevadas necessidades energéticas das aves nesta fase, causadas pelo elevado desenvolvimento corporal (Almenda *et al.*, 2006). A avaliação das proteínas séricas totais não revelou qualquer diferença entre a fase inicial e a fase de crescimento, mas observou-se um nível mais elevado na fase de crescimento. Isto está de acordo com os resultados de Silva *et al.* (2007) que observaram um nível mais baixo de proteínas totais em frangos de carne aos 28 dias devido à elevada exigência para o crescimento. Foi observado que os níveis de glicose e colesterol diminuíram com a idade. O nível de glucose neste estudo foi inferior ao valor obtido por Priya *et al.* (2008) que observaram um valor médio de 160,92 mg/dl no grupo de 6-12 semanas e 178,55 mg/dl no grupo de 12-18 semanas. Konicki *et al.* (1999) registaram um nível médio de colesterol de 121,50 mg/dl em perus com nove semanas de idade, valor muito próximo dos valores observados no presente estudo. Os sistemas de alojamento não tiveram qualquer efeito sobre todos os parâmetros hematológicos, o que é semelhante às conclusões de Islam *et al.* (2004), que referiram que os sistemas de produção não tinham qualquer efeito sobre os níveis de glóbulos brancos, glóbulos vermelhos, hemoglobina e volume de células compactadas no plasma sanguíneo. Este resultado também foi semelhante ao relatório de Sogunle *et al.* (2008), segundo o qual o tipo de alojamento não teve qualquer efeito nos parâmetros hematológicos dos frangos de carne.

A raça exótica tinha maior peso vivo, peso depenado, proventrículo, pernil e coxa. A explicação possível para as diferenças entre a raça adaptada localmente e a raça exótica é o tamanho do corpo. Os pesos depenados obtidos neste estudo estão de acordo com os obtidos por Alimed *et al.* (1980), que registaram um maior peso das penas nas aves de baixo peso do que nas de raça pesada. Yagoub e Salih (2008) também referiram que as aves que consomem mais ração têm um peso mais elevado. No decurso do presente estudo, os perus criados em gaiolas apresentaram um peso corporal mais elevado, uma melhor conversão alimentar e um maior rendimento de carne do que os criados em camas fundas. Este resultado contrasta com o relatório de Sogunle *et al.* (2008) sobre frangos de carne criados em camas fundas, que revelaram um melhor rácio de conversão alimentar e uma menor mortalidade em comparação com os criados em gaiolas. Além disso, Santos *et al.* (2008) também corroboraram o relatório de que as aves criadas na cama não só têm moela e proventrículo significativamente mais pesados do que as aves criadas em gaiolas, como também têm um melhor rácio de conversão alimentar e um músculo peitoral mais pesado em relação ao peso corporal. As raças exóticas apresentaram um peso vivo, coxas e percentagem de carne do peito mais elevados, o que está de acordo com as conclusões de Yagoub e Salih (2008), que registaram uma correlação positiva elevada entre o peso vivo, o peso da carcaça, as pernas e o peso do peito.

No presente estudo, só a alimentação representa cerca de 70% do custo de produção. Este facto está de acordo com relatórios anteriores (Ubosi, 2000; Ademole e Farinu, 2006; Yashim *et al.*, 2007), segundo os quais a alimentação representa, por si só, até 75% do custo total de produção na avicultura. Neste estudo, a criação do peru adaptado localmente foi considerada rentável a longo prazo, com uma melhor relação custo-benefício. O elevado custo de produção do peru exótico resulta numa margem de lucro estreita. A longo prazo, esta situação poderia levar ao colapso da indústria avícola, outrora próspera, tal como opinou Nworgu (2004), que referiu que os elevados custos de produção, ocasionados por um maior consumo de ração e pelo elevado custo dos alimentos para animais na indústria avícola da Nigéria, são os principais desafios que os avicultores enfrentam. Este facto está de acordo com as conclusões de Iyayi (2008), que refere que o principal desafio que a indústria avícola enfrenta é o dos alimentos para animais, em termos de disponibilidade numa base sustentável, qualidade e preço estável. O aumento frequente e por vezes injustificado do preço dos ingredientes dos alimentos para animais contribuiu substancialmente para as dificuldades sentidas pelos avicultores na Nigéria.

Conclusão

1. Verificaram-se diferenças entre raças nos índices de desempenho de crescimento, com melhor desempenho de crescimento no peru exótico do que no peru adaptado localmente. Além disso, o peru exótico em gaiola de madeira teve melhor desempenho do que o peru exótico em cama funda e do que o peru adaptado localmente em ambos os sistemas de alojamento na fase inicial.
2. As raças de perus diferiram no nível de monócitos, proteínas totais, albumina e colesterol nos diferentes sistemas de alojamento apenas na fase inicial.
3. O peru exótico rendeu mais em termos de componente da carcaça do que o peru adaptado localmente, mas registou uma percentagem de molho semelhante à do peru adaptado localmente.
4. O peru adaptado localmente registou uma melhor relação custo-benefício do que o peru exótico

Recomendações

Com base nos resultados do estudo, são recomendadas as seguintes medidas

1. Os dois sistemas de alojamento - cama funda e gaiola de madeira - são recomendados para a produção de perus. No entanto, para obter um melhor desempenho e um maior rendimento de carne, o peru exótico pode ser criado numa gaiola de madeira.
2. Tendo em conta a relação custo-benefício e a redução da mortalidade, recomenda-se a criação do peru adaptado às condições locais em qualquer um dos sistemas de alojamento.
3. Devem ser efectuados mais estudos sobre o efeito da idade e do sexo no desempenho de crescimento de perus de raças exóticas e adaptadas localmente.

Bibliografia

Adebisi, A. O. 1977. Efeito comparativo de duas fontes de suplemento *de Saccharomyces cerevisiae* numa dieta rica em fibras para frangas em fase de arranque. Tese de Mestrado. Departamento de Ciência Animal, Universidade de Ibadan, Ibadan, Nigéria.

Adeniji, F. O e Ayorinde, K. L. 1990. Prediction of body weight of broiler at different ages from sire linear body measurement. *Nigerian Journal of Animal Production.* 17:42-47.

Andrew. L. D e Goodwin. T.L., 1973. Performance of broilers in cages. Poult. Sci., 52: 723-728.

Apantaku, S. O., Omotayo, A. M e Oyesola, A.B. 1998. A vontade dos avicultores de participar no regime de seguro agrícola nigeriano no Estado de Ogun, Nigéria. *Actas da Conferência das Bodas de Prata da Sociedade Nigeriana de Produção Animal. Gateway Hotel, Abeokuta.* 21-26 de março de 1998, 542.

Appleby, M.C. Barry, O. H e Elson, H.A., 1992. Pooultry Systems: Behaviours, Management and Welfare. CAB International, Wallingford, Oxon, Reino Unido. Pp. 238.

Appleby, M. C. Mench, J. A e Hughes, B. O. 2004. Poultry Behaviour and Welfare (Comportamento e bem-estar das aves). CABI Publishing, Wallingford, Reino Unido.

Aviagen limited, 2009. Arbor Acres Broiler Management Guide (Guia de gestão de frangos de carne da Arbor Acres). Pp 1-64.

Baker, D.H e Chung, W. H. 1992. Efeito da castração precoce no peso corporal, crescimento muscular e caraterísticas ósseas do peru Nicholas macho. *Poult. Sci. J.* 73:1-19.

Bett, H.K, Bett, R.C, Peters, K.J, Kahi, A.K, Bokelman, W. Linking Utilization and Conservation of Indigenous Chicken resources to Vale Chain. *J. Anim. Prod.* Adv., 2:33 52.

Blokhuis, H.J. 2004. Evolução recente da regulamentação europeia e internacional em matéria de bem-estar 1. World's Poultry Science Journal, 60: 469-447.

Brant, A. W. 1998. Uma breve história do peru. *World Poult. Sci. J.* 54365-373.

Bock, H. E., Eggun, B. O., Low, A. G. Suiron, O e Zebro-Wska, T. 1989. Protein metabolism in farm animals. 2nd Edition. Oxford Univ. Press Berlin.

Brij, M.A., Horward, M.R., e Bhuran, V.V. 1977. Clinical biochemical and haematological value in normal experimental animals. Massan Publishing Co. U.S.A.

Charles, D. R. 1986. Temperatura para frangos de corte. *World's Poult. Sci. J.* 42:249-258.

Chuch, J. O., Judd, J. J., Young, C. W., Kebay, J. L e Kim, W. W. 1984. Relationship among dietary constituents and specific serum clinical components of subjects eating self-selected diets. *American J. Clin. Nutri.* 40: 1338- 1344.

Close, W. H. 1998. O papel da proteína mineral vestigial na nutrição de suínos. In: Biotechnology in the feed Industry. *Actas do 14th simpósio anual (T.P. Lyons e K. A. Jacques) Nottingham University Press. Nottingham.*

Crouch, A. N., Grimes J.L., Ferket P.R e Thomas L.N.,, 1997. Suplemento enzimático para melhorar a utilização do trigo em dietas de arranque para frangos e perus. *J. Appl. Poult. Res.* 6:147 154

Crouch, A. N., Lerner S.P e Karunakaran D, 2000. Influence of feed quality in the brooding period of commercial turkeys and its subsequent effect on market performance. *Poult Sci.* 79: 67-68

Dale, V. A. Swartz, T. e Masey, J. 1993. Inbreeding: Its meaning, uses and effects on farm animals. Publicação Agrícola GO2911. Universidade de Missouri, Columbia.

Dawkins, M. S., Cook, P. A., Whittingham, M. J., Mansell, K. A e Harper, A.E. 2003. What makes free-range broiler chicken range? In situ management of habitat preference. *Animal Behaviour* 66: 151-160.

Do, V. M. 2005. Efeitos da suplementação, da raça, da estação e da localização na alimentação e no desempenho de galinhas locais necrófagas no Vietname. Tese de doutoramento apresentada à Universidade Sueca de Ciências Agrícolas, Uppsala, Suécia. epsilon searchive /00000953/01/Minh General discussion 2005. pdf.

Douglas, J. A., Sullivan, T N., Gonzalez, N. J e Veck, M. 1979. Different age response of turkey to protein and Sorghum tannin level, Poult Sci 72: 1944-1951.

Eggum, B. O. 1989. Biochemical and methodology of Protein metabolism in farm animals (Eds: Book H. D. Eggum, B.O. Low, A.G., Suron, O and Zebrowska, T) pp 1-30. 1st Edit. Oxfd, Univ. Press. Berlim.

Ekpenyoung, T. E e Biobaku, W. O. 1986. Resposta de crescimento de coelhos alimentados com esgoto ativado e resíduos secos de aves de capoeira. *Journal. of Aplied Rabbit Res.* 1: 14-16.

Emenalon, O.D. 2004. Desempenho comparativo de pintos de carne alimentados com dietas contendo farinhas de sementes de *Mucuna pruriens* processadas de forma diferente. *Nig. J. Anim. Prod.* 3(1):12-16.

Emmans, W. E. 1989. Effect of environmental temperature, Digestible energy, Age and Sex on broiler carcass portions and palatability. *Poult Sci. J* 42: 1-9.

Fanatico, A.C., Pillai, P.B., Cavitt, L.C., Owens, C.M e Emmert, J.L. 2005. Evaluation of slower growing broiler genotypes grown with and without outdoor access: growth performance and carcass yield. *Poultry Science,* 84:1321-1327.

FAO. 2001. Fontes de proteínas para a indústria da alimentação animal: consulta de peritos e seminário.

FAO, 2004. Manual Small-Scale Poultry Production Technical Guide by Sonaiya, E.B., and Swan, S.E.J., Food and Agriculture Organization of The United Nations Rome.

FAO, 2004. Small-Scale Poultry Production. Um documento corporativo. http/www.fao.org/documents/advanced result.

Fasanmi, O.G e Sanusi, J. A.A. 2008. Essentials of Meat and Milk Inspection and Hygiene, 1st Ed., publicado por Tunmid Printronic, Ibadan.

Gous, R. 1997. Compreender o crescimento e o desenvolvimento da carcaça. *World Poult. Sci.* 13:466-48.

Gupta, A.K., Sanjay Kumar e Yashi Pal, 2002. Biochemical, hematological and thyroid hormones profile in healthy India Kathiawwari horses.

Horst, P. 1989. Os fouls nativos são reservatórios de genomas e genes principais com efeitos diretos e indirectos na adaptabilidade e o seu potencial para planos de melhoramento orientados para as regiões tropicais Arch. Geflugells, 5313: 93-101.

Ibe, S. N. 1990. Utilização dos recursos genéticos avícolas locais na Nigéria. In: Proc. 4th *Congresso Mundial de Genética Aplicada à Produção Animal. Edimburgo, Escócia .* 108-112.

Ibe, S. N. 1993. Desempenho em termos de crescimento de frangos normais, frisados e com pescoço nu em ambiente tropical. *Nig. J Anim. Prod.* 20:28-31.

Recursos agrícolas indígenas. 2005. www.poulvet.com.

Islam, M.S., Lucky, N.S., Islam, M.R., Ahad, A., Das, B.R., Rahman, M.M. e Siddui, M.S.I. 2004. Haematological parameters of Fayomi, Assil and Local chickens reared in Sylhet region in Bangladesh. International Journal of Poultry Science, 3(2):144-147.

Isiaka, B. T. 1998. Livestock rearing practices and problems in Lagos (Práticas e problemas de criação de gado em Lagos). In Oduguwa O.O., Fanimo A. O and Osinowo O. A. (Editors) Proceedings of the Silver Anniversary Conference, Nigerian Society for Animal Production. Gateway Hotel, Abeokuta. 21-26 de março de 1998, pp.223-225.

Iyayi, E.A. 2008. Perspectivas e desafios dos alimentos não convencionais para aves de capoeira. *Nig. Poult. Sci. J.* 5(4):186-194.

Jain, M. C. 1986. Schalon's Veterinary haematology. 6th edition. Lea e Fabinger, Philadelphia. U.S.A. pp 178 - 207.

Jin, S. H., Corless. A e Sell. F.L 1998. Desenvolvimento do sistema de digestão em aves de capoeira pós-eclosão. *World Poult. Sci Journ.* 54: 335-345.

Kalbfleisch, J., Null. S., L. strangleland, Speer. G e J Branmon, 200. Aminoácidos e resposta energética de perus machos de mercado. "Methionine and bethane responses by turkeys in a clean or dirty environment. Poult Sci. 79:26.

Kaneko, A.O. 1989. Bioquímica clínica dos animais domésticos. 4th edition. Academic Press Ltd. Academic Press Ltd. Londres. Pg 898.

Karki, M 2005. Crescimento, eficiência da utilização dos alimentos e economia de diferentes períodos de perus. (*Nepal Agric Research Journal* (SAS/N), 6:84-88.

Keir, G. R., Lar, M. K., Horium, R. J. e Ranola, E. E. 1982. Relationship between dietary and biochemical measures of nutritional status. *American Journal of Clinical Nutrition.* 35: 294-308.

Kidd, M. T., Ferkett, P. R., and Garlich, J. D. 1997 Dietary responses of threonine in growing turkey toms. Poultry Science, 77(10): 1550 - 1555.

Kiferndorf, U. e Keller, H. 1990. Valores padrão da contagem de glóbulos brancos em relação a raças, sexo, idade e estação do ano. Pferdeikunde, 6:73-78.

Kollakowski, T. e Keller, H. 1990. Valores normalizados das contagens de glóbulos vermelhos em função das raças, do sexo, da idade e da estação do ano. Pferdeikunde, 6:65-71.

Kyarisiima, C.C, Kugonza, D.R, Twesigye, C.K, 2004. The Potential Role of the Uganda Indigenous Chickens in Poverty Alleviation (O Papel Potencial das Galinhas Indígenas do Uganda no Alívio da Pobreza). *Jornal do Uganda,* 50:85-90.

Laseinde, E. A. O e Oluyemi, J. A. 1996. Sexual dimorphism in the growth patter of broilers. *Journal of Animal. Production.* 24(1): 1-6.

Lewis, P. D., Perry, G.C e Sherwin, L. M. 1989. Effect of intermittent light regimes on the performance of intact male turkey. *Animal Breeding Journal,* 33: 620-630.

Lilburn, M. S. 1999. Necessidades de treonina dos perus. In: Actas da Conferência Nutricional do Arkansas, Favettetviolle, A. R. pp 229 - 223.

Majiyagbe, K. A. e Nawathe, D.R., 1981. Isolamento do vírus virulento da doença de Newcastle de patos aparentemente normais na Nigéria. Veterinary Record, 108 (9): 57-69.

Maijala, K. 1993. In: Simon, D.L. e Boucehnquer, D. Genetic diversity of European Livestock Breeds. *Publicação da EAAP.* No 66.

Mónica, C. 1987. Manual de Laboratório Médico para países tropicais. Vol. I ELBC. 2nd Edition, Buttersworth & Co. pp 504 - 518.

Monsi, A. 1994. Projectos empresariais na agricultura. Imprensa universitária limitada.

Mugga, R. 2007. Uganda vê um mercado para aves indígenas. World's Poultry Science Journal, 23:1 http//www.worldpoultry.net.

National Research International 2006. Gestores do Programa de Produção Pecuária (LLP) financiado pelo DFID.

NRC, 1994. National Research Council, Nutrient Requirements of Poultry, 9th edição revista. Academia Nacional de Ciências, Washington D.C.

NRC, 1994. Conselho de Investigação Nutricional. Nutrient Requirement of Poultry (Necessidades de nutrientes das aves de capoeira). 9th edition. National Academic Press, Washington DC.

Oduguwa, O. O e Ogunmodede, B. K. 1995. Comparative growth response of three commercial vitamins and trace minerals premixes for rearing broiler chicks at the starter and finisher phases. *Pert. Journal. Trop. Agric.* 19(1). Pp 81-87.

Odunsi, A. A. 1991. Nutritive value of cocoa bean meal for broiler and egg type pullets (Valor nutritivo da farinha de sementes de cacau para frangos de carne e ovos). Tese de doutoramento apresentada à Faculdade de Agricultura e Silvicultura da Universidade de Ibadan, Ibadan, Nigéria.

Ogundipe, S. O e Dafwang, I. I. 1986. Boletim de Extensão NEARLS, No. 22.

Ojewola, G. S. 1993. Desempenho da produção e composição corporal de frangos de carne influenciados pela energia e proteína da dieta nos trópicos húmidos. Tese de doutoramento. Universidade de Ibadan, Nigéria.

Olomu, J. M. 1995. *Monogastric Animal Nutrition- Principles and Practice.* A textbook Jack Publication, Benin City, Nigéria. Pp 62.

Omage, J. J., Onimisi, P. A e Azeez, M. O. 2007. Feeds and feeding of Ostrich in Sudan and Northern Guinea Savannah zones of Nigeria. *Actas da 3rd Conferência Anual da Sociedade Nigeriana de Produção Animal.* 101-107.

Onifade, A. A. 1995 Desempenho em termos de crescimento, medições de órgãos e heamatologia de frangos de carne alimentados com fibra elevada suplementada com antibióticos ou levedura seca. *Nutritional Biodiversity* 12:403-407.

Oluyemi, J. A. 1990. Componente de germoplasma do desenvolvimento avícola rural em África. In: Proc. de um workshop internacional sobre desenvolvimento rural em África. OAU Ile-Ife. 15-16 Nov. 1989. 49-55.

Oluyemi, J. A e Oyenuga, V. A. 1971. A preliminary evaluation of indigenous fowl as Table birds. *Actas da Sociedade Agrícola da Nigéria,* 3:22-25.

Oso, A. O. 2007. Utilização de dietas à base de trigo e sorgo suplementadas com enzimas por perus. Tese de doutoramento, Universidade Federal de Agricultura, Abeokuta, Estado de Ogun, Nigéria.

Oosterwjk, G., Van Aken, D e Vongthilath, S. 2003. A Manual on Improved Rural Poultry Production (1st Edition, língua inglesa). Departamento de Pecuária e Pescas, Ministério da Agricultura e Florestas, Vientiane, RDP do Laos. VIII pp 115

Pattison, M. 1992. A saúde das aves de capoeira. Longman Scientific and Technical, Longman group. UK. Ltd. Pp 123-128.

Pellet, P.Z e Young, N.P.1980. Nutritional evaluation of protein feeds (Avaliação nutricional de alimentos proteicos). Programa Universal das Nações Unidas para a Fome no Mundo. Food and Nutrition bulletin. Pp154.

Peng. I. C. R. I. Adams, E. F. Furumoto, P. V. Hester, Larsen J. F e W. J. Stadelman 1985. Padrões de crescimento alostérico e rendimento de carne de partes da carcaça de toms de peru e influenciados por programas de iluminação e idade. Poultry Science 64: 871-876

Peters, S. O., Ikeobi, C. O. N. e Bamkole, O. O. 2002. Produção local de perus em pequenas propriedades no Estado de Ogun. In: Issues in family poultry Research and Development. *Actas do*

rede internacional para o desenvolvimento da avicultura familiar emSenegal, 9-13 de dezembro de 1997, pp 173
183.

Rose, S. E. e Michie, L. B. 1987. Effect of environmental temperature, dietary energy and feeding level on growth and carcass composition of male broiler chickens to 35 days of age. *Canadian Journal of Animal Science,* 74: 675-690.

Santos, F.B.O., B.W. Sheldon, J.A.A. Santoe e P.R. Ferket, 2008. Influência dos sistemas de alojamento, do tipo de grão e do tamanho das partículas na colonização por Salmonella e na eliminação de frangos de carne alimentados com dietas à base de triticale ou de farinha de milho e soja. Poultry Science, 87:405-420.

Instituto SAS 1999. Sistema SAS para Microsoft Windows versão, sistema de análise estatística.

Say, R. R. 1990. Manual of poultry production in the tropics (Manual de produção avícola nos trópicos). Macmillian London.

Sharma, R.N., Hussein, N.A., Pandey, G.S., e Shandomo, M. N. 1984. A study on Newcastle disease outbreaks in Zambia, 1975-1984. *Revue Scientifique et Technique*, Office International des Epizooties, 5(1): 5-14.

Skinner J. T., Waldroup. A. L. e Waldroup, P. W. 1992. Effect of dietary nutrient density on performance and carcass quality of broilers 42-49 days of age. *Journal of Applied Poultry Research,* 77: 1550-1555

Strakova, E. Suchy, P e IIlek, J. 1996. Variação dos índices hematológicos da fase de peru reprodutor durante a maturação sexual. *Zlivocisna Vyroba.* 41:199-203.

Suchy, P., Stakova, E. e Klecker, D. 1995. Variação dos indicadores hematológicos em perus fêmeas durante a engorda. *Veterinary Med.* 40:181-186.

Sugrim, A.M., 1987. Role of Livestock in socio-economic development of small farmers in the Pacific Island countries, Asian Livestock, (outubro de 1987): 127-131.

Swatland, H.J. 1989. Fisiologia do crescimento muscular. In: Simpósio de Avanços Recentes na Investigação na Turquia sobre Enzimas Alimentares, Nwordroijkerhaut pp. 157-162.

Smith, A. J. 2001. Aves de capoeira. The tropical Agriculturalist. Edição revista. Macmillian Education Ltd. Londres. Pp 243.

Sogunle, O. M., Egbeyale, L.T., Bajomo, T. T., Bamigboje, O. V. e Fanimo, A. O. 2008. Comparação do desempenho, caraterísticas da carcaça e parâmetros hematológicos de pintos de carne criados em gaiolas e no chão. *Jornal Paquistanês de Ciências Biológicas*, 11:480-483.

Sonaiya, E. B. e Olori, V. E. 1990. Village Poultry production is Soiuth Western Nigeria. In: Sonaiya E.B. (ed) Rural Poultry in Africa. *Actas de um seminário internacional realizado em Ile-Ife, Nigéria, 13-16 de novembro de 1989. Thelia house, Ile-Ife, pp.* 243-247.

Spinu, M., Degen, A. A. e Rosenstrauch, A. 1993. Effect of warm drinking water on performance of broiler. *British Poultry Science,* 35: 361-366.

Soniaya, E. B. 1990. The context and prospects for development of smallholder rural poultry production in Africa In: CTA Seminar Proceedings, Vol. 1 Smallholder Rural Poultry Production Seminar, Thessaloniki, Grécia, pp 35-52.

Tauson, R. 2005. O sistema de gestão e alojamento das aves poedeiras - efeitos sobre o bem-estar

Tewe. O. O. 1985 Protein metabolism in growing pigs fed corn or cassava peels of graded levels. *Veterinary Science,* 28: 259-263.

Thear, K. e Fraser, A. 1986. The Complete Book of Raising Livestock and Poultry (O Livro Completo da Criação de Gado e Aves). Edição da Nigéria, Universidade de Agricultura, Umudike, Nigéria.

UBOS, 2009. Gabinete de Estatística do Uganda, Inquérito Nacional aos Agregados Familiares do Uganda 2008 Relatório sobre o Módulo Agrícola.

Udokainyang, A. O. 2001. Desempenho do crescimento, caraterísticas da carcaça e economia de aves de capoeira locais alimentadas com níveis variáveis de energia na dieta. Relatórios de projeto, Universidade de Agricultura, Umudike, Nigéria.

Udo, H. 1987. Effect of cassava peels supplementation in swine ration on performance, haematology and serum metabolites in growing pigs. Tese de Mestrado apresentada ao Departamento de Ciência Animal, Universidade de Ibadan, Nigéria.

Wattanachants, S., Benjakuls, S. e Ledward, O. A, 2004. Composition, Colour and Texture of Thai Indigenous and Broiler Chicken Muscles (Composição, Cor e Textura de Músculos de Frangos Indígenas e de Frango de Corte da Tailândia). *Poultry Science,* 83:123-128

Waldroup, P. W., England, J. A., Kidd, M. e I, Kerr. B. 1997. Dietary arginine and lysine in large white toms: O aumento da relação arginina/lisina não melhora o desempenho quando os níveis de lisina são adequados. *Poultry Science,* 77: 1346-1370.

Whitehead, C. C. 2002. Nutrition and Poultry welfare (Nutrição e bem-estar das aves). *World Poultry Science Journal,* 58: 340356.

MIX
Papier aus verantwortungsvollen Quellen
Paper from responsible sources
FSC® C105338

Printed by Books on Demand GmbH, Norderstedt / Germany